INTELLIGENT SUBSTATION OPERATION AND INSPECTION TECHNOLOGY

# 智慧变电站运检技术

国网江苏省电力有限公司常州供电分公司　编著

中国电力出版社

CHINA ELECTRIC POWER PRESS

## 内 容 提 要

本书从实际应用的角度，介绍了智慧变电站的基本原理、关键技术及典型工程应用等。

本书分为十一章，主要内容包括概述、智慧变电站通信系统、数字识别技术、智慧变电站架构、设备智能化、辅助设备监控系统、一键顺控、联合巡视、综合防误、关键智能装备运检策略、建设实例。

本书可供从事智慧变电站运维、检修、设计、调试等专业技术人员学习使用，也可供大专院校及电气设备制造厂相关专业人员参考。

**图书在版编目（CIP）数据**

智慧变电站运检技术/国网江苏省电力有限公司常州供电分公司编著. —北京：中国电力出版社，2023.2

ISBN 978-7-5198-7340-0

Ⅰ.①智… Ⅱ.①国… Ⅲ.①智能系统－变电所－运行②智能系统－变电所－检修 Ⅳ.①TM63

中国版本图书馆 CIP 数据核字（2022）第 240175 号

---

出版发行：中国电力出版社
地　　址：北京市东城区北京站西街 19 号（邮政编码 100005）
网　　址：http://www.cepp.sgcc.com.cn
责任编辑：肖　敏（010-63412363）
责任校对：黄　蓓　郝军燕
装帧设计：郝晓燕
责任印制：石　雷

---

印　　刷：北京九天鸿程印刷有限责任公司
版　　次：2023 年 2 月第一版
印　　次：2023 年 2 月北京第一次印刷
开　　本：710 毫米×1000 毫米　16 开本
印　　张：12.25
字　　数：197 千字
印　　数：0001—3000 册
定　　价：68.00 元

---

# 前　　言

锚定"双碳"目标，立足"四个革命、一个合作"能源安全新战略，深入推进能源革命，构建新型能源体系已成为我国能源行业发展的重要方向。新型电力系统以承载实现碳达峰、碳中和，贯彻新发展理念、构建新发展格局、推动高质量发展的内在要求为前提，发挥坚强智能电网的枢纽平台作用，引领电网设备运检模式的深刻变革。依托大数据、云计算、物联网、移动互联、人工智能等技术，传统人工运检模式逐渐向以表计数字化远传、主辅全面监控、远程智能巡视、一键顺控为代表的新一代智慧运检模式转变。在此背景下，2019年首批智慧变电站在国内开始试点建设。

相比于传统的智能变电站，智慧变电站在提升本质安全和运检质效方面取得了显著进步。本书大多数编者亲历了国内首座 220kV 智慧变电站的改造、优化和后期运检工作，现结合理论基础和现场经验，将智慧变电站的建设背景、建设原则、建设成效、本质特征、运维检修等内容在本书中进行详细阐述，为变电运检人员提升运检工作效率、加强设备状态管控能力、提高设备本质安全水平等方面提供重要支撑。

本书第一章简要介绍了国内变电站由数字化向智慧化发展的历程和智慧变电站的建设原则。第二章～第四章介绍了智慧变电站的信息化基础技术，主要包括目前变电站常用的通信技术、数字识别技术以及智慧变电站的基础网络构架和功能分层。第五章介绍了智慧变电站主辅设备全面监控、智能联动以及智能诊断预警，实现设备状态全面感知、信息互联共享。第六章～第九章从辅助设备监控、一键顺控、远程智能巡视和综合防误四个方面，详细介绍了智慧变电站的具体技术特征及其功能特点，论述了智慧变电站相对于传统智能变电站的主要技术优势。第十章介绍了智慧变电站智能装备的运检新策略。第十一章以国内首座 220kV 智慧变电站为例,介绍了本书中其他章节各类技术在生产实际中的应用情况和应用经验。

本书在编写过程中,得到了国网江苏省电力有限公司、国网江苏省电力有限公司电力科学研究院等单位的大力支持,同时还参阅了有关参考文献。在此,对以上单位及有关作者表示衷心的感谢。

由于编写人员水平有限,本书难免有错误和疏漏之处,请广大读者批评指正。

编 者

2023 年 1 月

# 目　　录

# 第一章 概　　述

## 第一节　变电站发展历程

变电站作为电力网关键联络点，是实现电压变换、功率交换的重要设施，是电网的重要组成和电能传输分配的重要环节，提高变电站技术水平和运维质量对保障全电网安全、可靠、经济运行和社会电力可靠供应具有极为重要的意义。随着高新技术持续发展应用，我国变电站的技术特征不断革新，大致经历了常规变电站、综合自动化变电站、数字化变电站、智能变电站、智慧变电站等发展阶段，如图 1-1 所示。结合新技术的应用，变电站安全性、可靠性、智能化水平不断提升，变电站在系统构成、运行特征、功能实现等方面不断出现新的变化。

图 1-1　变电站技术各发展阶段示意图

### 一、常规变电站

20 世纪 70 年代左右，出现了早期继电保护装置、自动重合闸装置、低频减载装置等变电站自动装置。这些基于晶体管模拟电路的装置功能单一、效率低下，并且各装置独立运行、互不关联，缺乏智能性和自诊断能力，也无法提供告警信息。到 20 世纪 80 年代中期，出现了变电站远动终端设备（remote terminal unit，RTU）。RTU 具有良好的通信能力和存储容量，是数据采集与监视控制系统（supervisory control and data acquisition，SCADA 系统）的基本组成单元。RTU 能够将变电站内各类设备信息上送至远方调度主站，也可以接收调度主站命令并传送至站内各相关设备，因此 RTU 在早期的变电站自动化系统中得到了大量的应用。远动技术的不断发展使变电站与调度主站之间的信息交互更加高效，功能更加强大的变电站自动化系统逐步实现了设备遥测、遥信、遥控、遥调的"四遥"功能。常规变电站远动信息交互结构如图 1-2 所示。

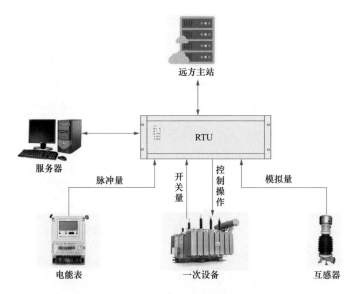

图 1-2　常规变电站远动信息交互结构示意图

## 二、综合自动化变电站

随着微电子技术、计算机技术和通信技术的快速发展，变电站综合自动化技术水平得到了实质性提升，20 世纪 90 年代中后期提出了建设综合自动化变电站的概念。综合自动化变电站一次设备同传统变电站没有很大差别，主要是将二次设备（包括测量仪表、信号系统、继电保护、自动装置和远动装置等）经过优化组合，利用新技术实现对全变电站主要设备和输、配电线路的自动化监视、测量、控制和微机保护等。其系统主要采用分层分布式结构布置，即按照控制层次和对象设置全站控制级（站控层）和就地单元控制层（间隔层）两层式结构，并在功能分配上采用功能下放原则，凡是可以在本间隔就地完成的功能不依赖通信网和主站。综合自动化变电站功能强大，结构形式多样，集成了电力设备状态监测和相关操作功能，为无人值守变电站管理模式的成功推广提供了有力的数据采集和监控支持。综合自动化变电站分层分布式结构如图1-3所示。

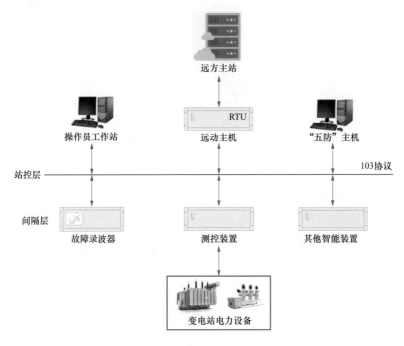

图 1-3 综合自动化变电站分层分布式结构示意图

### 三、数字化变电站

进入21世纪，变电站技术的发展开始进入数字化时代。数字化变电站是由智能化终端、数字化保护测控设备、数字化计量仪表、光纤网络等构成，并基于变电站二次系统通信报文规范（communication message specification，CMS）的新一代变电站。CMS的应用和新型"三层两网"（"三层"指过程层、间隔层和站控层，"两网"指过程层网络和站控层网络）结构实现了变电站内智能电气设备间的信息共享和互操作性，满足了电力系统对实时性、可靠性的要求。基于 CMS 的变电站新型"三层两网"自动化结构如图 1-4 所示。

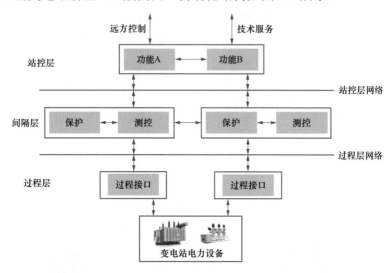

图 1-4　基于 CMS 的变电站新型"三层两网"自动化结构示意图

### 四、智能变电站

智能变电站是采用先进、可靠、集成、低碳、环保的智能设备，以全站信息数字化、通信平台网络化、信息共享标准化为基本要求，自动完成信息采集、测量、控制、保护、计量和监测等基本功能，并可根据需要支持电网实时自动控制、智能调节、在线分析决策、协同互动等高级功能的变电站。

智能变电站因其明显的技术优势得以快速建设，相关概念内涵也在不断发展。以国家电网有限公司（简称"国网公司"）为例，自 2009 年启动智能变电站试点建设以来，智能变电站数量迅速扩大，并于 2012 年提出研究与建设新一代智能变电站。

第一代智能变电站主要采用了合并单元、智能终端、交换机、智能汇控柜、一体化监控等设备；取消了传统的二次接线，用全站系统配置文件（substation configuration description，SCD）建立设备间逻辑关系，确定数据流向；采用光缆采样及跳合闸，减少了电缆使用。

新一代智能变电站试点采用了电子式互感器、隔离断路器、预制舱、层次化控制保护等新设备，具有系统高度集成、结构布局合理、装备先进适用、经济节能环保等优势。截至 2021 年底，国网公司投运的智能变电站近 6000 座（其中新一代智能变电站约 300 座）。典型智能变电站就地智能单元设备如图 1-5 所示。

图 1-5 典型智能变电站就地智能单元设备

**五、智慧变电站**

随着经济社会快速发展，电网设备规模大幅增长，电力安全越发重要，自 2018 年以来，我国大力实施创新驱动发展战略，推动能源互联网建设和电网发展方式转变。其中，电网设备，尤其是变电站设备实现泛在互联、高效互动和智能开放是建设能源互联网的基础前提。我国在前期智能变电站研究建设的基础上，积极推动变电站设备与先进传感、信息通信、自动控制等技术深度融合，努力实现设备广泛互联、状态深度感知、风险主动预警等功能应用，促进设备智能化、智慧化水平不断提高，"智慧变电站"的概念逐渐形成。

智慧变电站是充分应用大数据、云计算、物联网、移动互联、人工智能等现代信息技术和先进传感技术，按照采集数字化、接口标准化、分析智能化的技术要求，由智能高压设备、二次系统、辅助设备监控系统组成，具备表计数字化远传、主辅全面监控、远程智能巡视、一键顺控等先进功能，能实现状态全面感知、巡视机器替代、作业安全高效的变电站。

# 第二节　智慧变电站技术

智慧变电站应用了表计数字化远传、主辅设备全面监控、一键顺控、远程智能巡视等关键技术，具有操作简便、可监控距离远、多因素智能检测故障、安全可靠的特点。

## 一、表计数字化远传

表计数字化远传主要包括变电站变压器（油面温度、油位）、断路器（$SF_6$ 气体压力/密度）、避雷器（全电流、动作次数）等主设备表计数据，并通过光纤或无线等形式将数字化监测信息远传至主辅设备一体化监控系统，从而实现对相关设备表计示数的实时监测。在表计数字化远传技术实时获取各类主设备表计数据的基础上，结合智能高压设备在线监测数据、故障告警、运行工况等信息，能够综合智能分析判断设备健康状态，及时发现各类故障和异常情况，从而进一步提高设备运维质效，保障变电站主设备和电力系统稳定可靠运行。此外，表计数字化远传表计、终端模块、通信回路等设备应运行可靠，具备状态自检功能。

## 二、主辅设备全面监控

在对主设备运行状态全面有效监控的基础上，主辅设备全面监控集成变电站各类辅助设备传感器和监控终端，实现主辅设备运行信息全面采集、集中监视和状态判断。主辅设备全面监控以智慧变电站辅助设备监控系统为主要特征。智慧变电站辅助设备监控系统负责接入站端动环系统、火灾消防、安全防范等各子系统数据，取消各子系统独立主机，统一系统架构设计，精简系统层级，实现对辅控设备的统一管理。

（1）动环监控系统：系统集合了环境监测和动力控制两大功能，支持变电站环境参数监测和设备智能控制，为变电站设备运行环境提供实时数据，并作为联动信号的辅助支撑系统。

（2）消防监控系统：通过将各类消防系统设备设施互联互通，实现变电站消防系统数据采集智能化、消防系统信息化，借由智能算法实现消防信息智能判定及处置、智能辅助决策，实现变电站消防设备设施的无人值守，保障变电站生产环境的安全稳定。

（3）安防监控系统：系统支持门禁控制、周界防入侵数据接入，为变电站提供安防告警及联动信号，实现安防设备数据采集、运行监视、操作控制、对时、配置、数据存储以及智能联动管理等功能。

## 三、一键顺控

一键顺控是一种新型的变电站倒闸操作模式，通过完善一次设备分合闸

"双确认"措施（"双确认"的具体含义将在第七章中介绍），实现操作步骤一键启动和操作过程自动顺序执行，可安全、快速、高效地完成倒闸操作任务。一键顺控具备操作项目软件预置、操作任务模块式搭建、设备状态自动判别、防误联锁智能校核等功能；其主要设备包括一键顺控主机、智能防误主机、"双确认"装置等。

（1）一键顺控主机作为智慧变电站一键顺控功能的核心，可实现倒闸操作模拟预演及下发操作指令。

（2）智能防误主机具备面向全站设备的操作闭锁功能，同时满足一键顺控模拟预演/操作执行防误双校核功能。

（3）"双确认"装置成功代替了传统操作人员需完成的断路器、隔离开关、保护装置状态检测工作，为一键顺控操作的安全性和有效性提供了可靠判据。

### 四、远程智能巡视

远程智能巡视以视频、红外等各类设备或传感器为载体，使用视频监控、机器人、无人机等设备，应用人工智能、图像识别、语音识别、自动导航等技术，实现数据采集、自动巡视、智能分析、实时监控、智能联动、远程操作等功能，满足了远程化、智能化、可视化、立体化等要求，实现由机器替代人工巡视。

智慧变电站远程智能巡视成功整合全站多源数据，实现故障隐患的主动发现、主动预警，并通过三维可视化技术结合实时音视频及设备状态信息，实现虚实结合、立体可视的全景展示，实现智慧变电站运维的巡视无人化、操作自动化、维护少人化。

## 第三节　智慧变电站建设原则

本质安全、先进实用、面向一线、运检高效是智慧变电站的建设思路，建设过程中遵循电网更安全、设备更可靠、运检更高效、全寿命成本更优的建设原则。智慧变电站建设中，一次设备采用智能组（部）件，二次系统采用分层、分布、开放式体系架构，辅助设备高度集成及智能联动，土建设施采用新型预制舱和就地设备舱，并配备变电智能分析决策平台。

## 一、一次设备

综合考虑变电站重要程度、状态感知技术成熟度、使用要求以及经济性等因素，智慧变电站一次设备优先采用具备"一体化设计、状态感知、数字表计"等特征的标准化智能高压设备。智能高压设备主要包括智能变压器、智能高压开关设备（智能组合电器、智能断路器、智能隔离开关、智能空气柜、智能充气柜）、智能互感器、智能避雷器，由高压设备本体、智能组（部）件、传感器和智能监测终端组成，其典型组成如图1-6所示。

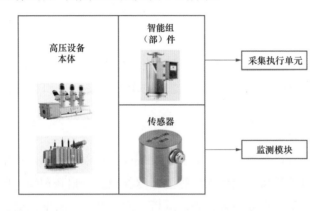

图1-6 智能高压设备典型组成示意图

1. 一体化设计

一体化设计是指在主设备设计阶段综合考虑智能组（部）件、传感器等优化集成，确保高压设备本体的绝缘水平、密封性能、机械强度不受影响，从源头上保证一次设备质量，提升本质安全水平。

2. 状态感知

状态感知是指应用视频扫描图像识别、声学指纹、油压监测等先进传感技术，感知设备状态信息，提升设备状态管控能力。

3. 数字表计

数字表计是指一次设备配置多种智能表计和数据远传新型仪表，如具备远传功能的 $SF_6$ 密度继电器、避雷器泄漏电流监测装置等设备，实现绝大部分仪表免抄录。

## 二、二次设备

智慧变电站二次系统按照"自主可控、安全可靠、先进适用、集约高效"

的技术原则，采用分层、分布、开放式体系架构，持续推进新设备、新技术应用。智慧变电站二次设备按照设备具体功能分为过程层设备、间隔层设备、站控层设备，其系统架构如图 1-7 所示。

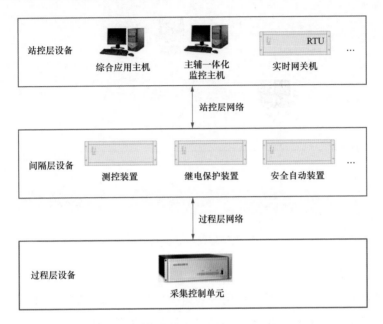

图 1-7 智慧变电站二次设备系统架构图

1. 过程层设备

过程层设备主要包括采集执行单元，支持或实现电测量信息和设备状态信息的采集和传送，接受并执行各种操作和控制指令。

2. 间隔层设备

间隔层设备主要包括测控装置、继电保护装置、安全自动装置、计量装置、智能故障录波装置等，实现测量、控制、保护、计量等功能。

3. 站控层设备

站控层设备主要包括综合应用主机、主辅一体化监控主机、实时网关机、服务网关机、防误主机等，完成数据采集、数据处理、状态监视、设备控制、智能应用、运行管理和主站支撑等功能。

**三、辅助设备**

智慧变电站辅助设备按照"一体设计、数字传输、远方控制、智能联动"

等要求进行设计，集成变电站在线监测、动环系统、火灾消防、安全防范、智能锁控等子系统及相关终端和传感器设备，全面提升辅助设备管控能力。变电站辅助设备监控系统架构如图1-8所示。

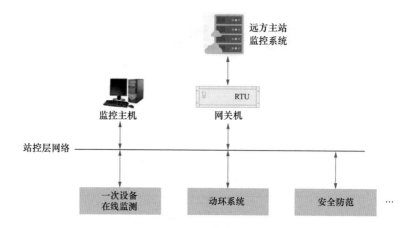

图 1-8　变电站辅助设备监控系统架构图

1. 一体设计

变电站辅助设备监控系统采用一台监控主机实行统一监控，主设备状态监测、安防、消防、动环、锁控、视频、巡检机器人等子系统一体设计，架构简约可靠。

2. 数字传输

应用免配置、数字化传输的就地模块，辅助设备信息就地数字化，减少电缆使用，提升设备智能化水平。以 CMS 协议为核心，统一站端与主站接口，统一辅助设备接口、协议规范，实现辅助设备模块化、规范化接入。

3. 远方控制

实现灯光、视频、消防、门禁、空调、水泵等远程启停，报警远程确认，信号远程复位，就地模块"免配置"和辅助设备"即插即用"，减少运检人员往返现场时间，提高工作效率。

4. 智能联动

配置智能联动策略，实现主辅系统间数据共享、协同控制，支持主辅设备视频联动，缩短异常确认、处置时间。具备辅助设备故障自动定位、环境自动控制、视频智能识别、智能锁控及直流电源智能管理等功能，极大提高运维检修便捷性。

### 四、土建设施

土建设施按照"标准统一、结构合理、质量可靠"等要求进行设计，全面提升变电站土建设施建设质量和效率，满足运检工作需要。

1. 标准统一

在设备标准化的前提下，制定土建基础标准，实现设备和基础统一。应用预制式围墙、电缆沟、防火墙等标准化预制件，统一规格和规范，现场快速装配，就地缩短建设周期，降低建设成本。

2. 结构合理

通过完善布局、增加楼层等方式优化站内建筑物房屋面积及数量，满足无人值守变电站应急值班、设备检修等工作需要。

3. 质量可靠

采用高性能新型预制舱和就地设备舱，整体设计寿命大幅延长，提高隔热保温、消声降噪、风沙灰尘防护、防水、防潮、防腐等性能，改善舱内设备运行环境，并能灵活增加或减少舱室，满足运检工作需要。

### 五、变电智能分析决策

变电运维主、辅设备监控系统及变电智能分析决策平台，实现智慧变电站"主辅设备全面监视、设备异常主动预警、故障跳闸智能决策、资产全寿命周期管理"等高级应用功能，极大提升变电站的监视、操作、巡视、预警、决策和现场管控的智能化水平。变电站端主要通过变电站主设备监控系统和变电站辅助设备监控系统等实现相关设备信息采集和控制功能。变电智能分析决策平台系统架构如图 1-9 所示。

1. 变电站主设备监控系统

基于智慧变电站所属地区变电集中监控平台，在集控站和相应变电运维班实现变电站主设备关键信息监视。

2. 变电站辅助设备监控系统

基于智慧变电站所属地区变电集中监控平台，在集控站和相应变电运维班实现变电站辅助设备关键信息监视。

3. 变电智能分析决策平台

在集控站部署变电智能分析决策平台，实现变电站设备异常主动预警、故障跳闸智能决策、资产全寿命周期管理等高级应用功能。

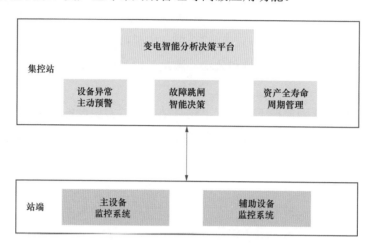

图1-9 变电智能分析决策平台系统架构图

（1）设备异常主动预警：自动收集设备内部状态、运行工况、环境信息、专业巡视结果、带电检测数据、在线监测信息及各类试验结果；应用自动分析技术，分析设备不同缺陷类型、部位、严重程度与状态信息的权重及量化关系，自动实现设备状态实时分析、自动评价、自动诊断、智能预告警，推送预警处理和主动防御策略。

（2）故障跳闸智能决策：根据各类设备故障与异常信息，建立各类异常与故障信息库，为智能决策的自动判断提供数据依据；制定故障与异常处理规则库，遇到故障及异常信息，通过现场设备信息的采集、事故（异常）发展趋势的跟踪、以往信息的对比等，对故障及异常信息自动判断，并生成最终处理策略，提高管理水平，提升效率和效益。

（3）资产全寿命周期管理：深化电网资产统一身份编码应用，利用国网公司"国网云"、全业务统一数据中心等平台数据，加强运检环节设备状态、成本、缺陷、供应商履约服务等各类信息的综合分析，实现物资、基建、运检、财务各环节信息共享；综合各方面数据科学开展供应商评价，为变电设备选型提供依据。

# 第二章 智慧变电站通信系统

通信系统是智慧变电站不可缺少的重要组成部分。本章梳理了电力通信网的特点和分类，介绍了智慧变电站通信系统的通信网络通道、通信协议、通信接入技术、网络构架、拓扑结构、通信模式等，并详细阐述了组网模型。

## 第一节 电力通信网及智慧变电站通信系统

### 一、电力通信网

电力通信网是支撑和保障电网生产运行，由覆盖各电压等级电力设施、各级调度等电网生产运行场所的电力通信设备所组成的系统，是确保电网安全、稳定、经济运行的重要手段，是电力系统重要的基础设施。随着信息通信技术的快速发展，电力行业信息化、智能化程度越来越高，各类新型业务应运而生，电力通信网对电力能源互联网建设、保障电网安全和实现电力公司管理现代化的支撑作用更加明显和突出，未来电力行业的发展离不开电力通信网的大力支撑。电力通信网的作用如图 2-1 所示。

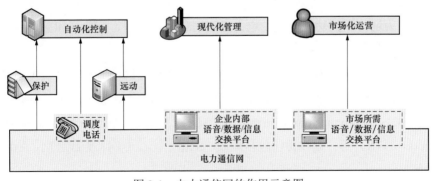

图 2-1　电力通信网的作用示意图

（一）电力通信网的特点

与公用通信网及其他专用通信网相比，电力通信网主要具备以下特点：

（1）可靠性和灵活性高。电力供应的安全稳定是电力工作的重中之重，电力生产的不间断性和运行状态变化的突然性，要求电力通信具有高度的可靠性和灵活性。

（2）传输信息量少，但种类复杂、实时性强。电力系统通信所传输的信号有语音信号、远动信号、保护信号、监测信息及其他数字信息、图像信息等，信息量一般较少，但实时性强。

（3）网络结构复杂。电力通信网中有种类繁多的通信手段和各种类型的通信设备，它们之间存在着的多种接口方式和转接方式，构成了复杂的电力通信网结构。

（4）覆盖范围广，覆盖点多。除了调度主站和集控站等通信集中的场所外，供电范围内的所有变电站都是电力通信网服务的对象。

（二）电力通信网的分类

1. 按电力通信网的级别分类

按通信网的级别分类，电力通信网可分为骨干通信网和终端通信接入网。

（1）骨干通信网。骨干通信网涵盖 35kV 及以上电网厂站及国网公司系统各类生产办公场所，由省际、省级、地市级（含县）骨干通信网构成。

（2）终端通信接入网。终端通信接入网涵盖 35kV 以下配电房、环网柜、柱上开关、用电信息采集等各类终端场所，是电力系统骨干通信网络的延伸，实现厂站端与主站系统间的信息交互，具有业务承载和信息传送功能。

2. 按电力通信网的功能分类

按电力通信网的功能分类，电力通信网包括传输网、业务网和支撑网，其结构示意图如图 2-2 所示。

（1）传输网。传输网包括有线传输网和无线传输网两大类：有线传输包括光纤、电力线载波、电缆等传输方式，以光纤传输为主，主要技术体制有同步数字体系（synchronous digital hierarchy，SDH）和光传送网络（optical transport network，OTN）等；无线传输包括微波、卫星、无线专网、无线公网、物联网技术等。

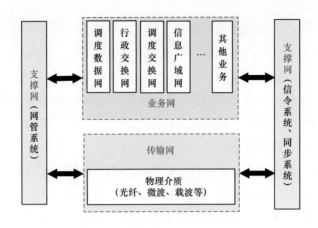

图 2-2　电力通信网结构示意图

（2）业务网。根据不同业务种类，业务网可以分为继电保护、安全稳定控制、调度数据网、调度/行政电话交换网、配电自动化、用电信息采集、数据通信网、电视电话会议系统等各类业务。

（3）支撑网。支撑网用于支撑传输、业务正常运行，包括同步时钟、网管系统、动环等。

## 二、智慧变电站通信系统

与常规变电站相比，智慧变电站通信系统用光缆取代一次设备和保护、测控之间的电缆，用网络中传输的报文取代电缆中传输的直流信号（正电压/负电压/地电压）和交流信号（电流互感器、电压互感器二次电流、电压），用微机保护装置中的软件程序取代用于实现保护逻辑的继电器硬件回路，加快了信息采集速度，增强了信息抗干扰能力，提高了系统的可操作性。

在智慧变电站的通信系统中，采用通信管理机接收变电站中传输的数据，通过路由器、交换机等通信网络设备将数据信息发送到光纤通信网络。在调度主站侧配置前置机，前置机接收到通信信号后，经过处理转换为真实数据，完成整个通信数据传输过程。

（一）通信网络通道

智慧变电站有多种类型的通信网络通道，包括有线和无线，如光纤通信等属于有线通信方式，微波、卫星通信等都属于无线通信方式。有线通信方式应用范围广泛，抗干扰能力较强，传输速度快，通信容量大，提高了变电站通信系统的稳定性。无线通信方式组建灵活，扩展性强，但可靠性和安全性有待提高。

（二）通信协议

智慧变电站系统采用 CMS 标准统一建模，使用 CMS 通信协议。在通信网络中，为了确保双方能够正确有效地传输数据，在发送和接收通信的过程中存在一系列规则，称为通信协议。

常用的通信协议包括问答通信协议和循环通信协议。在问答通信协议中，如果主站想要获得厂站的信息，必须将查询命令消息发送到厂站；厂站接收到查询命令后提供答案，需确保主站在提问后能够收到正确答案，并且通信质量很高。在循环通信协议中，厂站可以根据特定的规则将各种测控信息组成要素发送到数据帧中进行传输交互，主站可周期性接收各种数据帧。两种通信协议都已应用于变电站，应根据变电站的实际情况进行选择。

# 第二节　通信接入技术

为支撑智慧变电站本质安全、先进实用、面向一线、运检高效的建设思路，变电站的通信传输需满足高速可靠、形式多样、标准统一的技术要求，总体而言主要包括有线通信接入技术和无线通信接入技术两大类。有线通信接入技术包括光纤通信、以太网技术等。无线通信接入技术包括无线专网、无线传感网（Wi-Fi、LoRa）技术等。

## 一、有线通信

有线通信是利用金属导线、光纤等有形媒介传送信息的通信方式，一般受干扰小，可靠性高，保密性强，但建设费用大。智慧变电站中常采用的有线通信接入技术主要是光纤通信。

光纤通信是以光波为信息载体，以光纤为传输媒介的通信方式。光纤通信常用光波的波长范围为 $0.8\sim2.0\mu m$，属于电磁波谱中的近红外区。其中，$0.8\sim1.0\mu m$ 称为短波长段，$1.0\sim2.0\mu m$ 称为长波长段。光纤通信中常用的波长有 3 个，分别为 850、1310nm 和 1550nm。

（一）光纤通信的原理

典型的数字光纤通信系统方框图如图 2-3 所示。

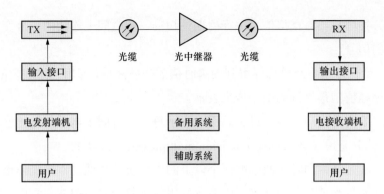

图 2-3　数字光纤通信系统方框图

TX—光发射端机；RX—光接收端机

光纤通信系统中电端机的作用是对来自信息源的信号进行处理，例如模拟/数字（A/D）转换、多路复用等；光发射端机的作用是将光源（如激光器或发光二极管）通过电信号调制成光信号，输入光纤传输至远程；光接收端机内有光检测器（如光电二极管）将来自光纤的光信号还原成电信号，经放大、整形、再生恢复原形后，输至电接收端机的接收端。

对于长距离的光纤通信系统还需中继器，其作用是将经过长距离光纤衰减和畸变后的微弱光信号经放大、整形、再生成一定强度的光信号，继续送向前方以保证良好的通信质量。中继器多采用光-电-光形式，即将接收到的光信号用光电检测器变换为电信号，经放大、整形、再生后再调制光源将电信号变换成光信号重新发出，而不是直接放大光信号。采用光放大器（如掺铒光纤放大器）作为全光中继及全光网络已逐步进入商用。光纤通信的传输频带宽，通信容量大，中继距离长，信号衰减小，串扰小，传输质量高，组网方便且成本较低。

（二）光纤通信的主要技术

1. 脉冲编码调制（pulse code modulation，PCM）

在光纤通信系统中，光纤中传输的是二进制脉冲"0"码和"1"码，它由二进制脉冲编码调制数字信号对光源进行通断调制而产生。而数字信号是对连续变化的模拟信号进行抽样、量化和编码产生的，称为 PCM，即脉冲编码调制。

（1）抽样是指对模拟信号进行周期性扫描，把时间上连续的信号变成时间上离散的信号。

（2）量化是指将经过抽样得到的瞬时值的幅度离散，即用一组规定的电平，把瞬时抽样值用最接近的电平值来表示。

（3）编码是指用一组二进制码组来表示每一个有固定电平的量化值。

2. 波分复用（wavelength division multiplexing，WDM）

在同一根光纤中同时让两个或两个以上的光波长信号通过不同光信道各自传输信息，称为光波分复用技术。光波分复用包括频分复用和波分复用，因为光的频率与波长具有单一对应关系，两者技术上无明显区别。光波分复用技术可以充分利用光纤带宽资源，节省光纤的使用量，降低建设成本，系统可靠性高并且日常运维方便。

（三）工业以太网

工业以太网是光纤通信的一种典型组网方式，是基于 IEEE 802.3 通信协议的强大的区域和单元网络，主要由以太网交换机和光缆组成。电力系统现场环境错综复杂，传统的民用交换机在复杂的电磁环境和恶劣的温湿度环境中不能满足现场的可靠性要求。工业级以太网交换机采用工业化设计手段，能够满足工业网络的需求，为用户搭建安全可靠的通信环境。工业以太网覆盖范围广，实时性高，安全防护性好，但建设成本高，不具备抗多点失效功能。

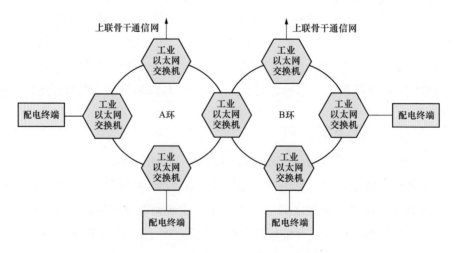

图 2-4　工业以太网交换机组网示意图

工业以太网组网宜采用环型拓扑结构，在变电站放置三层交换机，在各配用电终端配置工业以太网交换机。通过光缆组成配电区域交换机环网，上联骨干通信网 SDH 设备，下联各类配电业务终端，汇聚配电网数据，通过骨干通信网传至自动化主站系统。变电站的三层交换机支持开放式最短路径优先（open shortest path first，OSPF）、路由信息协议（routing information protocol，RIP），对接入的工业以太网交换机而言，主要起到虚拟局域网（virtual local area network，VLAN）间路由和广播的隔离作用。同一环内节点数目不宜超过 20 个。典型的工业以太网交换机组网如图 2-4 所示。

**二、无线通信**

无线通信技术是利用电磁波信号可以在自由空间传播的特性进行信息交换的一种通信方式。无线通信覆盖范围广，适用度高，建设成本低，但具有不稳定性。无线通信技术包括无线专网、无线传感网、无线公网（4G、5G）等。考虑其安全性，智慧变电站常用的无线通信接入技术主要是电力无线专网和自建的无线传感网。

（一）无线专网

电力无线专网是依托变电站等自有物业及骨干网络设施建设的全环节自有的无线通信网络，主要包括业务承载网、核心网、回传网、基站（铁塔）及终端五部分。无线专网网络拓扑如图 2-5 所示。

（1）业务承载网：通信主站至业务系统的一系列网络实体，实现业务系统与核心网互联。其中，CE 路由器通过 PE 路由器来实现业务的接入。

（2）核心网：一般部署在地市供电公司通信机房，通过 SGW 与 PGW 等来实现数据处理与转发、用户信息存储、信令处理、用户管理、流量统计及服务质量（quality of service，QoS）策略控制等。

（3）回传网：由现有的通信骨干 SDH 网络承载，基于现有 SDH 网络建立专线或共享通道，实现核心侧与接入侧终端之间的数据互通。

（4）基站（铁塔）：基站一般分为 3 个扇区，使用 1.8GHz 或 230MHz 两种频率，对附近地区实现无线覆盖，为配用电等终端提供无线接入。基站通过 BBU 实现信号的加工和处理，通过 RRU 实现信号的生成和提取，以及信号变频和功率放大。

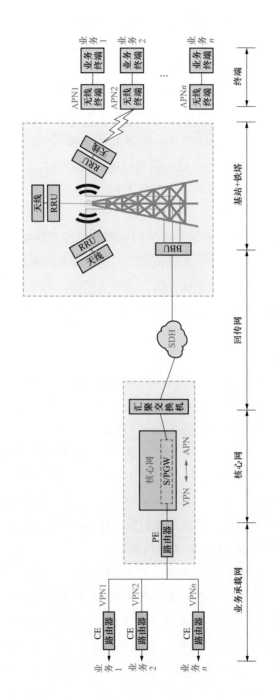

图 2-5　无线专网网络拓扑图

CE—用户网络边缘设备（customer edge）；　PE—服务商网络边缘设备（provider edge）；　S/PGW—服务/公共数据网络网关（serving/PDN gateway）；

APN—接入点（access point name）；　VPN—虚拟专用网（virtual private network）；　BBU—基带处理单元（building baseband unit）；

RRU—射频拉远单元（remote radio unit）

（5）终端：包括通信终端和业务终端。通信终端实现业务终端与基站之间的互联互通，业务终端采集各类业务数据，通过无线方式汇聚至接入变电站，再通过回传网、核心网上传至主站系统。

在全国部分地区试点建设的电力无线专网，主要采用 230MHz 和 1.8GHz 两个频段，用于接入配电自动化、配电变压器监测、源网荷、用电信息采集、视频监控、巡检机器人等各类业务。无线专网的建网速度快，扩展能力强，部署灵活，可平滑升级；但其频谱资源紧张，需提前申请，并且传输速率、传输时延、可靠性、损耗、信息安全性方面都不如光纤通信。

（二）无线传感网

1. 无线传感网的定义及构成

无线传感网（wireless sensor networks，WSN）是一种在电力行业中应用较为广泛的基于无线通信方式的物联网技术。它是一种利用无线通信方式将随机分布的集成有传感器、数据处理单元和通信模块的微小节点自由组合形成的网络形式，它可以借助节点中内置的形式多样的传感器测量所在周边环境中的红外、局部放电、振动、位移、气体、温度、湿度等。无线传感网典型组网方式如图 2-6 所示。

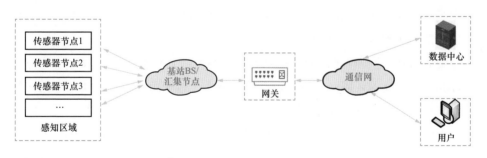

图 2-6　无线传感网典型组网方式示意图

2. 无线传感网的主要技术特点

与其他无线通信技术相比，无线传感网具有大规模性、自组织性、路由多跳性、健壮性等显著特点。

（1）大规模性：是指在大面积的监测区域内部署传感器节点（如输电线路上），或在面积有限的区域内部署大密度的传感器节点（如站房、隧道、管沟内）。

（2）自组织性：无线传感网没有中心控制管理，是由对等节点构成的网络。

在网络发生变化时，这种分布式结构可以自动进行配置和管理，灵活性和实用性较强。

（3）路由多跳性：无线传感网采用多跳路由转发的方式，每个节点都具有路由转发功能，便于减少节点发送功率，降低网络能耗，满足数据传输距离远的需求。

（4）健壮性：当无线传感网中的某些节点因为环境干扰或电池耗完不能正常工作时，网络内其他节点间可以自动调节以保证正常工作。

3. Wi-Fi 与 LoRa 技术

Wi-Fi（wireless fidelity，无线保真）与 LoRa（long range，远距离）技术是无线传感网中常用的两种接入技术。

（1）Wi-Fi 是基于 IEEE 802.11 标准的无线局域网技术。初始工作在 2.4GHz 频段，最高传输速率能够达到 11Mbit/s。Wi-Fi 具有无线电波覆盖范围广、组网简便、集成化程度高、频率使用段开放性好等特点。目前广泛应用的是 Wi-Fi 6 技术，基于 IEEE 802.11ax ［又称高效率无线标准（high-efficiency wireless，HEW）］，可支持 2.4、5、6GHz 频段，允许与多达 8 个设备同时进行通信，最高传输速率可达 9.6Gbit/s。该技术是将有线信号转换为无线信号，将最后几十米布线困难的设备用无线方式进行连接，经济、便捷、灵活，但数据安全性和通信质量等还需进一步改进。

（2）LoRa 是一种线性调频扩频的低功耗无线通信技术。它很好地解决了功耗和传输距离的矛盾（一般来说，功耗越大，传输距离越短；功耗越低，传输距离越小），可以实现在低功耗条件下的远距离传输，与物联网碎片化、低成本、大连接的需求十分契合，被广泛应用于智能表计、室内场景、智慧工业等领域。常见组网有点对点、星型、网状型等。LoRa 具有网络连接稳定、功耗低、抗干扰性强、传输距离远、容量大、易部署、组网节点多等技术特点。

三、通信接入模型

智慧变电站系统采用 CMS 标准统一建模，划分为站控层、间隔层、过程层三个层面。与常规变电站相比，智慧变电站的站控层、间隔层功能及网络结构发生了较大的变化，通过光缆/以太网取代电缆实现设备之间的互联互通，统一了数据模型，实现了信息统一建模；过程层（设备层）主要是电子互感器及合并单元，配置智能化一次设备。常规变电站与智慧变电站通信体系如图 2-7

所示。

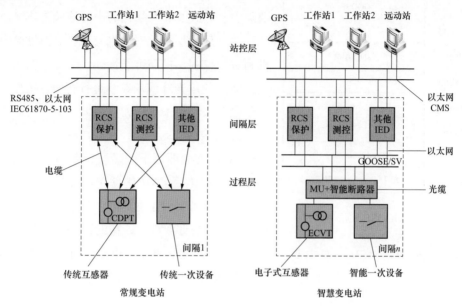

图 2-7 常规变电站与智慧变电站通信体系示意图

CMS 标准提出的目的是解决变电站智能电子设备（intelligent electronic device，IED）的互操作问题，主要涉及自动化系统及设备间的通信，通过描述语言抽象服务接口，有效面向对象进行建模，对变电站内信息进行分层管理。

CMS 标准中主要使用面向通用对象的变电站事件（generic object oriented substation event，GOOSE）和采样值（sampled value，SV）两种报文形式。

（一）GOOSE

GOOSE 是 CMS 系列标准中用于满足变电站自动化系统快速传输报文需求的机制，主要用于实现变电站内的智能电子设备之间重要实时性信号的传递，包括传输跳合闸信号（命令）、联闭锁信号等，具有高传输成功率。GOOSE 采用网络信号代替常规变电站装置之间传统硬接线的通信方式，大大简化了变电站二次电缆接线，实现了开关位置、闭锁信号和跳闸命令等实时信息的可靠传输。GOOSE 通信协议栈如图 2-8 所示。

GOOSE 通信协议栈的具体内容如下：

（1）四层通信协议栈，在满足可靠性要求同时尽可能降低时延。

（2）IEEE 802.1Q 链路层协议，保证按照一定优先级进行报文传输。

| | GOOSE |
| 应用层 | CMS |
| 表示层 | ASN.1/BER |
| 会话层 | |
| 传输层 | |
| 网络层 | |
| 链路层 | 以太网/IEEE 802.1Q |
| 物理层 | 光纤 \| 双绞线 |

图 2-8　GOOSE 通信协议栈

（3）基于高速 P2P（点对点）通信方式，消除主从方式及非网络化的串行连接方案。

（4）应用层协议对数据有效性、丢包检查机制进行控制，提高可靠性。

（5）使用光纤或双绞线进行传输，光纤相对于电缆来说抗干扰能力更强。

（二）SV 报文

SV 报文主要用于间隔层设备与电子式互感器的数据传输。SV 信息交互规范通过系列标准《互感器》（GB 20840）等标准来约束，SV 基于发布/订阅机制，帮助过程层汇集间隔层的采样数据。SV 信息主要包括互感器二次侧的电压、电流瞬时值，这种信息的传输量大、实时性要求高。合并单元对站内电子互感器等装置输出的数字信息同步后，统一传输至保护装置。

（三）传输规则

GOOSE 与 SV 报文传输遵循如下规则：

（1）合并单元每 0.25ms 发送一组 SV 报文，包括额定延时、三相电压、电流等采样值；采样值发生突变时，采取快速重传机制发送 5 帧内容相同的报文，确保报文传输成功。

（2）智能终端接收到带指令的 GOOSE 报文会在执行指令后，使用快速重传将含有断路器状态信息的 GOOSE 报文发送至保护装置。

（3）当电流、电压从故障态恢复后，保护装置采用快速重传将包含合闸命令的 GOOSE 报文发送至智能终端。

（4）当电压和电流均无异常时，智能终端每 5s 发送一帧 GOOSE 心跳报文至保护装置，通过收到返回的确认报文，可判断通信链路是否连接正常。

# 第三节　通信网络架构

智慧变电站中包括了大量自动化智能终端设备，需要各种电网信息、保护装置信息的收集、检测、分析、数据交互，才能够实现对终端设备进行智能管理与控制。目前，35～1000kV 变电站的站内设备均采用光纤和交换网络组网，通过光纤和网络通信完成低压侧、中压侧、高压侧与控制台的各种信息高效传输，辅助设施采用无线、传感网等组网，实现主站、厂站的信息交换，支撑运行维护人员及时、准确地了解电网的运行状况，防止电网由于终端设备产生问题不能及时消缺，进而造成电网事故。

通信系统的网络架构对智慧变电站站内、站外的信息数据传输至关重要，其拓扑结构、通信模式、组网方式等均需综合考虑智慧变电站的通信需求，先进的通信技术在智慧变电站中得到广泛应用。

**一、拓扑结构**

通信网络常见的拓扑结构有总线型、环型、星型、树型、网型等几种，它们各有优点，适合于不同的使用要求。

（一）总线型拓扑

总线型拓扑结构的各设备网络端口都与同一条总线两两连接，这种结构的优点是连接简单，增加或减少用户都比较便利，而且工程造价较低，且某一端口故障不会影响其他部分工作；缺点则是若总线上某一节点故障，整个系统将全部失效。同时，该拓扑的报文传输要历经多个节点，传输时间较长，因此不能满足智能变电站对报文传输可靠性和快速性的要求。总线型拓扑结构如图 2-9 所示。

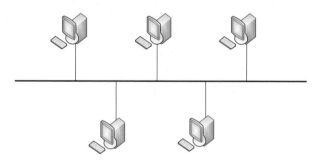

图 2-9　总线型拓扑结构示意图

（二）环型拓扑

环型拓扑结构的各个节点首尾相连形成一个封闭的圆环，这样可以增强系统的冗余性。报文可以沿两个方向，一站一站地传送到目的节点，系统的可靠性得到了提高；且环形拓扑采用分布式控制，接口设备非常简单，如任何一点出现故障时，可以在故障部位增加接口设备支路，恢复通信。但该结构如果节点较多，则信息传输时存在较大的信息延迟，不能满足快速传送信息的要求。

环型拓扑结构如图 2-10 所示。

（三）星型拓扑

星型结构采取集中式控制，所有节点都与同一中心节点相接，这种结构的优点是结构简单、拓展性强、传输误差低、传输延时小。但是缺点是成本较高、可靠性较差，一旦中心交换机出现故障，将会导致全站瘫痪，因此，这种结构虽然能满足报文传输快速性的要求，但是不能满足可靠性要求。虽然非中心节点出现故障对系统影响不大，但中心

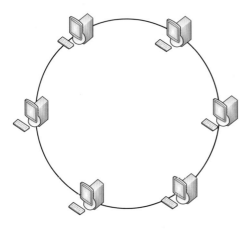

图 2-10　环型拓扑结构示意图

节点发生故障会使整个系统陷入瘫痪。为了保证系统工作可靠，中心节点必须设置备份。星型拓扑结构如图 2-11 所示。

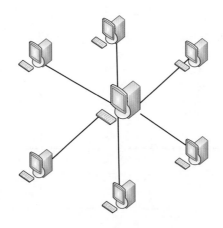

图 2-11　星型拓扑结构示意图

（四）树型拓扑

树型结构（也称为星型总线拓扑结构）是从总线型和星型结构演变来的，它是一种层次结构，节点按层次连接。多数节点首先连接到一个次级节点，次级节点再与根节点连接。这种结构的优点是系统结构易于扩展，发生故障容易

隔离。缺点是成本高，一旦根节点出现故障，整个系统将陷入瘫痪。树型拓扑结构如图 2-12 所示。

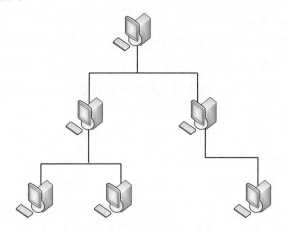

图 2-12　树型拓扑结构示意图

（五）网型拓扑

网型结构是一种分布式的控制结构，各个节点互联形成网络结构。它具有较高的可靠性，资源共享方便，且数据传输速率很高；但建设难度大，网络管理比较困难，线路运维成本高，系统不易扩充。网型拓扑结构如图 2-13 所示。

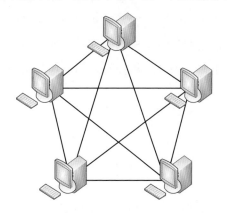

图 2-13　网型拓扑结构示意图

## 二、通信模式

（一）点对点模式

点对点模式在智慧变电站中的使用使系统的保护数据测量与控制通信数

据相分离，降低了故障强度，增加了系统容量。这种模式在通信中的使用还为过程总线的数据变换做了充足的准备。

（二）过程总线模式

过程总线模式就是将通信系统中分离的控制与测量数据系统连接在一起，上文所提到的 CMS 标准对这种模式做出了充分地考虑。这种模式的运用减少了通信模块的复杂性，比点对点模式更为便捷，速度也比点对点模式更快。

（三）点对点模式与过程总线模式的结合

点对点模式与过程总线模式各有优势和不足，所以为了进一步优化通信模式，需将这两种模式相结合。点对点模式与过程总线模式中都采用了以太网，在以太网技术不断发展基础之上，将变电的总线和过程总线连接在一起不会影响变电站内的通信连接。这种统一总线可以做到信息的完全共享访问，存储方式也可以做到完全共享，在间隔层中的设备里只需要一个接口，这样可有效减少设备间的维护与运行的费用。

**三、典型通信系统组网模型**

随着智慧变电站自动化、智能化系统由低压向高压、超高压的发展，变电站的一次设备和二次设备各个层次内部和层次之间均需要采用高速网络通信，取代传统变电站采用电缆点对点的传输方式。故在考虑通信系统组网时，需考虑设计和采用一种混合型的组网方案，以实现既快速又可靠地传递报文。

智慧变电站的通信组网系统可分为两部分：变电站内部之间运用的站内通信部分和变电站与变电站、主站或集控站之间应用的站外通信部分。典型通信系统组网模型如图 2-14 所示。

（一）站内通信部分

1. 安全接入区域分类

根据电力二次系统的特点，可将各类业务的安全接入区域划分为生产控制大区和管理信息大区。

（1）生产控制大区分为实时控制区（安全 I 区）和非实时控制区（安全 II 区）：安全 I 区主要涉及调度自动化、源网荷等实时控制类业务；安全 II 区主要涉及故障录波、电能量计量等非实时控制类业务。

（2）管理信息大区分为调度生产管理区（安全III区）和管理信息区（安全 IV 区），主要涉及调度生产管理、电力企业数据网等业务。

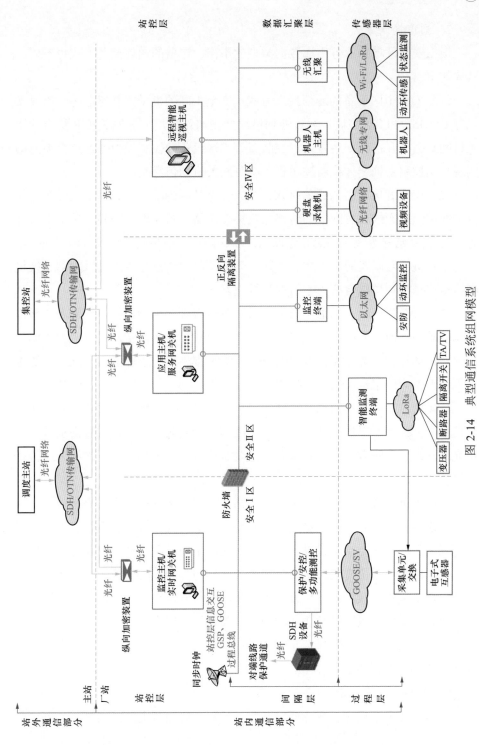

图 2-14 典型通信系统组网模型

2. 通信接入方式

根据安全区域和业务终端数据类型的不同，选取的通信接入方式也不同，具体如下。

（1）安全Ⅰ区设备的通信接入方式：安全Ⅰ区的电子式互感器等一次设备执行 GOOSE 和 SV 协议，通过通信网络实现与站控层服务网关机和综合应用主机的数据交互；保护装置、测控装置等二次设备的控制类数据通过交换网络实现与站控层主辅一体化监控主机、实时网关机的信息交互。

（2）安全Ⅱ区设备的通信接入方式：安全Ⅱ区的油、气、局部放电等智能监测终端通过无线传感网中的传感器收集变压器、断路器、隔离开关、电流互感器/电压互感器等设备信息，通过光纤和交换机实现与站控层服务网关机、综合应用主机的互联互通；火灾、消防、动环等测控信息主要通过以太网交换机网络实现与站控层综合应用主机的数据交互。

（3）安全Ⅳ区设备的通信接入方式：安全Ⅳ区的视频监控、机器人等所需带宽要求高，通过光纤、无线专网等方式进行数据采集，实现与对应主机的信息交互；动环、状态监控、电缆隧道等非实时监测数据通过 Wi-Fi、LoRa 等进行无线汇聚后传至远程智能监控主机。

总体而言，控制类信息实时性、可靠性要求高，采用光纤方式接入；测量类信息不需控制，采用光纤、网络、无线等方式接入；有带宽容量需求的，采用光纤网络、无线专网等方式接入；监测类信息，可视具体情况采用无线传感网等方式接入。

在站内进行数据交换时，主要通过站控层网络和过程层网络来实现层与层之间的连接。各层之间的联系采用光纤数字通信方式，过程层网络位于过程层与间隔层之间，采用交换式以太网通信方式，站控层网络处于间隔层与站控层之间，采用串行通信方式。站内常规的二次设备，如继电保护装置、测量控制装置、远动装置、故障录波装置、电压无功控制以及在线状态检测装置等具备标准化和智能化特点，设备之间的连接全部采用高速的光纤网络通信，二次设备不再出现常规功能装置重复的输入/输出（I/O）现场接口，通过网络真正实现数据共享、资源共享。

（二）站外通信部分

与常规变电站相比，智慧变电站要求的数据传输量更多，实时性、可靠性更高，在变电站与变电站、变电站与主站或集控站之间的数据通信主要还是基于 SDH 或 OTN 技术实现。作为传统的电力通信传输技术，SDH 主要基于电信号交换结构，其稳定、可靠、安全的技术特点与电力系统的行业特点相吻合，在电力生产、运营中发挥巨大作用。OTN 通信技术源自波分复用技术，其有着光和电两种系统构造，能够满足系统需要的监督控制与管制性能，而且有着极好的网络性能，数据传输带宽可达上百 G 比特每秒。

智慧变电站的通信规划中，可选择 SDH 加 OTN 的模式，经过逐级组网融合更好地发挥出大面积大数据传送、调度灵活等不同的优点，进一步促进智慧变电站的稳定运作。变电站的一、二次、辅助信息数据等通过光纤网络统一汇聚至站内 SDH 或 OTN 设备，经由电力通信骨干传输网，实现与主站系统或集控站的数据交互。

# 第三章 数字识别技术

变电站的安全可靠运行至关重要，电力设备的运行状态又是决定其安全稳定运行的关键因素之一。传统的电力设备状态检测工作主要依靠人工方式，定期对电力设备状态进行检查判断，工作量大、误诊率高。

数字识别技术可从根本上解决以上电力设备监测中存在的问题，利用图像识别、文本识别、语音识别和声纹识别等技术，对智慧变电站中非结构化的监控视频、文本、语音和声纹等数据进行采集和分析，可实现电力设备状态的自动识别，促进电力设备状态检测智能化，为电力自动化及故障诊断提供了一种新的方法。本章简要介绍了相关数字识别技术的原理及数字识别技术在智慧变电站中的典型应用实例。

## 第一节 数字识别技术原理

### 一、图像识别

图像识别是指通过计算机对图像进行处理、分析和解读，以识别各种不同模式的目标和对象的技术。一般来说，图像识别系统由预处理、特征提取和模式分类等几个步骤构成。图像识别典型流程如图3-1所示。

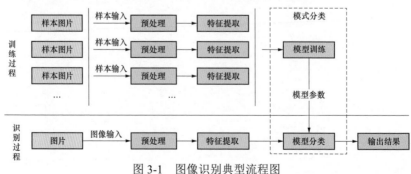

图 3-1　图像识别典型流程图

（一）预处理

图像预处理指的是对图像进行去噪和增强等处理，以减少图像中的噪声和杂波，提高图像中目标与背景的对比度。预处理包括直方图增强、图像去噪、图像锐化、图像边缘检测等。

1. 直方图增强

直方图是图像色彩统计特征的抽象表述，是图像处理中的一种重要统计特征。直方图变换可以分为以下两种：

（1）直方图拉伸。在直方图拉伸中可以按照对比度直接增强，也可以通过对比度间接增强。通过将直方图中的灰度值按照比例对灰度间隔进行扩大，直方图拉伸可以明显地增大背景与前景的对比度。

（2）直方图均衡化。直方图均衡化通过一个非线性的函数对图像的灰度进行不规则的拉伸，使得全部灰度都分布得很均匀，增强了图像整体的对比效果，而不是前景与背景。

2. 图像去噪

图像去噪处理中一般采用平滑来减少和消除采集过程中由于传输或者外界条件剧烈变化产生的环境噪声，这种方法可以显著改善图像的质量，经过平滑处理后的图像特征更为明显，更有利于图像进行后期的特征识别工作。图像去噪方法众多，常用的方法有小波自适应去噪以及平滑滤波。

3. 图像锐化

对图像进行锐化处理的主要目的为抑制模糊。图像在平滑处理以及其他过程中，损失了边缘细节，通过加强图像边界和图像细节，可以极大地抑制由于采集传输过程中产生的模糊。图像的锐化技术可以在不同的方式下进行，在空间中进行时可以对图像进行差分处理，在频域中进行时可以对图像采用高通滤波器处理。

4. 图像边缘检测

在一般图像中，图像亮度变化最为显著的部分被认为是图像的边缘，边缘图像由于其在图像中的特殊位置，往往能够体现图像的某些重要特征，能够直接反映物体的轮廓以及外部拓扑连接结构。对图像边缘信息的有效提取，直接影响了在线监测以及识别的效果。边缘检测中常用的算子有梯度检测算子、Log边缘算子、高斯-拉普拉斯算子等。

（二）特征提取

特征提取即从图像中提取有用的数据或信息，得到图像的"非图像"的表示或描述，如数值、相量或符号等，而提取出来的这些"非图像"的表示或描述就是特征。在图像识别技术中，特征提取作为核心步骤直接影响了图像识别的正确与否。按照性质不同，图像特征点可以分为全局不变特征量和局部不变特征量，不同特征点对应不同的提取方法。

1. 全局不变特征量

该方法通过找到设备的外形轮廓，并将外形通过几何变换的方式转化成用于构造识别本体的不变特征量。研究发现，矩不变量、傅里叶描述子、多尺度自卷积、模糊不变量、几何特征、奇异值分解等方法都可以用来进行全局不变特征量的提取。

2. 局部不变特征量

在图像采集过程中，时常会出现图像残缺不全，部分关键识别点被遮挡等现象，导致局部特征失真的现象，此时需要构造新方法对设备图像中的共同部分提取局部不变量，利用局部不变量对图像进行匹配识别。局部不变量可以分为以下几种：

（1）局部不变矩。从图像中的局部曲线提取矩特征，利用这些矩特征设定为局部不变量进行识别，运用此方法对轮廓进行分割，得到多个不同识别区域，通过各个区域长度设定阈值，能够极大地提高局部遮挡以及图像残缺时的识别率。

（2）角点。在图像中，一般在亮度变化极大的位置会存在关键信息，这样的点常称为角点。角点也是图像中曲率变化最大的点，提出选取质心间的连线交点附近作为角点。

（3）二值局部模式特征量。利用 $K$ 近邻法对图像进行目标识别，采用图像中局部特征的二值特征来刻画局部纹理，得到局部不变量，对于简单物体的识别达到了良好的效果。

（三）模式分类

图像的模式识别可以概括为对图像进行识别和分类。由于识别对象及应用的理论工具不同，逐渐发展出了多种模式识别理论与技术。传统的图像识别方法需要人工设计特征，相对依赖图像识别经验丰富的研究学者，且传统的方法图像识别率较低。深度学习是一个多层的网络结构，通过模拟人脑，能够自动地学习和提取特征，可以充分发挥大数据的优势。常用的深度学习方法包括 BP

神经网络、卷积神经网络等。

1. BP 神经网络

BP（back propagation）神经网络是一类多层的前馈型神经网络。BP 神经网络结构简单、可调整的参数多、训练算法多、可操作性好，拥有高度的自组织能力、非线性逼近能力和自学习能力，在模式识别和分类方面应用十分广泛，也适用于故障诊断工作中。

2. 卷积神经网络

作为深度学习的典型代表，卷积神经网络通过隐藏学习训练数据，有效避免了人工提取特征的缺陷，从而更加全面地反映图像特征。同时利用其局部感知野、权值共享和下采样等特性，能够保证对如平移、倾斜、比例缩放等类型的各种变化均保持高度不变性，被广泛应用在图像处理领域。

**二、文本识别**

文本识别与图像识别的主要区别在于，图像识别是从图像中获取目标信息，通常指目标的轮廓区域、类别、内容等；文本识别是图像识别的一类细分，文本识别的目标是图像中的文本信息。文本识别又名光学字符识别（optical character recognition，OCR），指对输入的扫描文档图像进行分析处理，识别出图像中的文字信息。场景文字识别（scene text recognition，STR）指识别自然场景图像中的文字信息。自然场景图像中的文字识别受复杂背景以及光照、字体等影响，其难度远大于扫描文档图像中的文字识别，因为它的文字展现形式极其丰富。STR 技术可以被看成是 OCR 技术的自然演进与升级换代。具体的文本识别包括串行文本识别和端对端文本识别。

（一）串行文本识别

一般来说，串行文本识别由预处理、文本分割和文本识别等几个步骤构成。串行文本识别典型流程如图 3-2 所示。

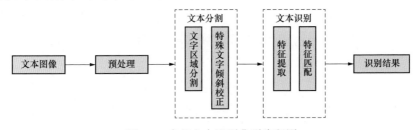

图 3-2　串行文本识别典型流程图

1. 预处理

预处理是指对图像进行去噪和增强等处理，以减少图像中的噪声和杂波，提高图像中目标与背景的对比度，从而有利于区分目标区域与背景区域。在线监测系统通过摄像头、视频监控等手段得到的图像，最终通过通信网络输入到计算机中进行下一步处理。但是由于传输以及硬件设备本身的限制，其中定会产生若干随机噪声以及畸变。噪声变形对于后期数据的处理识别会成比例失真，严重影响处理效果以及识别率。为了降低图像在收集过程中的损失，需要通过预处理去除噪声、增强图像细节。

2. 文本分割

文本分割即首先分割出图像中的文本区域，然后对裁剪后的文本区域进行字符识别。文本分割是场景文本识别的关键步骤，其结果直接影响到文字识别的准确度。文本分割是将图中识别为文字的部分分割标记出来，对于特殊文字形态，还需进行倾斜校正等处理。其分割方法主要分为基于纹理、基于组件以及混合方法三种。其中，基于组件的方法是目前场景文本分割的主流方法，它通过提取候选组件，然后基于人工特征或者卷积特征，根据设计的规则或者训练好的分类模型来获得文本和非文本组件。

3. 文本识别

文本识别是通过算法模型识别具体的文字，一般采用自下而上的方法，通过动态规划、深度卷积神经网络等方法识别出各个字符，这类方法需要一个强字符检测器以准确地检测和裁剪每个字符。通过将文本看做不同的对象，文本识别可分为以下几种方法：

（1）将文本识别看作一个图像分类问题，为每个字符分配一个类标签，但此方法组合数量庞大，泛化能力差。

（2）将文本识别看作一个序列识别问题，避免了字符分割，用递归神经网络（recurrent neural network，RNN）生成任意长度的连续标签，采用连接时间分类可对序列进行解码。该方法每个单元的输入没有侧重点，会忽视一些文本细节。

（3）将软注意力模型用于序列文本识别，可以有选择性地利用局部图像特征，通过训练 RNN 从数据中自动学习权重参数，该方法具有很好的识别效果。

（二）端对端文本识别

串行文本识别是将识别分为文本检测和文本识别两个串联的部分，需要通过两个深度学习网络，分别来完成检测和识别的功能；而端对端文本识别技术将检测和识别任务同步处理，直接获得文本区域以及文本内容。常用的端对端文本识别方法包括 STN-OCR、OTS 等。

1. STN-OCR 方法

该方法使用单个深度神经网络，以半监督学习方式从自然图像中检测和识别文本，总体分为以下两个部分。

（1）定位网络：针对输入图像预测 $N$ 个变换矩阵，相应地输出 $N$ 个文本区域，最后借助双线性差值提取相应区域。

（2）识别网络：使用 $N$ 个提取的文本图像进行文本识别。

2. OTS 方法

OTS 方法采用一个快速的端对端的文字检测与识别框架，通过共享训练特征、互补监督的方法减少了特征提取所需的时间，从而加快了整体的速度。OTS 方法主要包括以下四个部分。

（1）卷积共享：从输入图像中提取特征，并将底层和高层的特征进行融合。

（2）文本检测：通过转化共享特征，输出每像素的文本预测。

（3）ROIRotate：通过仿射变换，将有角度的文本块转化为正常的轴对齐的本文块。

（4）文本识别：使用 ROIRotate 转换的区域特征来得到文本标签。

三、语音识别

语音识别是将人类语音当中的信息转换为计算机可识别的二进制数据、字符序列或文本。语音识别技术的核心是将声音内容转变为文本进行输出。

语音信号一般为模拟信号，计算机无法直接对其进行处理，需要对采集的语音信号进行分析和转换，提取出关键信息；因此，提取到关键有用的特征信息对后续的计算和建模有很大帮助。语音识别系统通常由音频信号处理和特征提取、声学模型、语言模型以及解码搜索等几个模块构成。从原始语音数据中提取得到的声学特征经过统计训练得到声学模型，作为识别基元的模板，结合语言模型，经过解码器处理输出相应的识别结果。语音识别典型流程如图 3-3 所示。

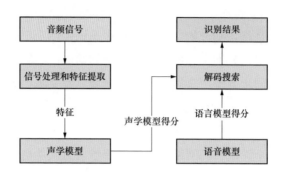

图 3-3　语音识别典型流程图

（一）语音特征提取

声学特征的提取既是对原始波形信号进行压缩的过程，同时也是对信号进行解卷积的过程。由于语音信号是短时平稳信号，在较短时间内其信号特性能够保持相对稳定，故对语音信号的特征提取必须建立在短时分析的基础上。语音识别中常用的特征包括线性预测系数、线性预测倒谱系数、梅尔频率倒谱系数以及感知线性预测系数等。

从语音波形信号中提取到声学特征后，为了提高特征的鲁棒性，通常还需要对这些原始的声学特征进行归一化处理。常用的特征归一化技术包括倒谱均值方差归一化、声道长度归一化以及滤波等。其中，对特征进行处理有助于降低信道和卷积加性噪声的影响，减少听觉失真；通过将不同说话人的声道长度进行归一化，使得相同内容语音之间的谱分布尽可能接近；滤波能够去除卷积信道噪声，提高系统的抗噪性能。

（二）声学模型

声学模型是语音识别系统的重要组成部分，用于描述声学基元产生特征序列的过程。对于一个给定的声学特征矢量，可以根据声学模型来分别计算它属于各个声学基元的概率，从而依据最大似然准则将特征序列转换为相应的状态序列。

（三）语言模型

语言模型是描述人类语言习惯的一种方式，体现了词与词之间组成结构的内在规律。语音识别中所采用的语言模型对应于从识别基元序列到词概率计算，其对这种语言变化规律描述的准确程度，会直接影响到系统性能。根据产生方式的不同，语言模型可以分为两类：①基于规则的文法型语言模型，需要语言学专家根据自身的语言学知识，通过对日常生活中的语言现象进行归纳总结得到；②基于统计的语言模型，通过大量的实际文本数据训练形成。后者从数学角度解决了规则语言模型无法处理大规模真实文本的缺陷，并凭借着能够对词序列进行精确化描述的优点，已经在语音识别、机器翻译等多个领域中被广泛采用。

（四）解码技术

解码技术是语音识别系统的核心技术，给定语音特征观察序列，通过在一个由语言模型和声学模型所构造的搜索空间中寻找匹配程度最高的状态序列，其中匹配程度的高低主要由声学模型打分和语言模型打分来决定。状态序列的搜索过程也被称为解码过程。解码器中最常采用的搜索策略包括广度优先搜索和深度优先搜索两种。维特比解码算法属于广度优先搜索，堆栈搜索算法则属于深度优先搜索。

四、声纹识别

声纹识别与语音识别的主要区别在于语音识别是提取内容信息，声纹识别是针对特征提取身份信息。声纹识别作为语音识别领域的一个重点研究方向，本质是根据语音特征计算待识别语音和样本语音的相似度，并根据相似度做出判决。声纹识别系统主要由预处理、语音特征参数提取和模型匹配模块构成，声纹识别典型流程如图 3-4 所示。

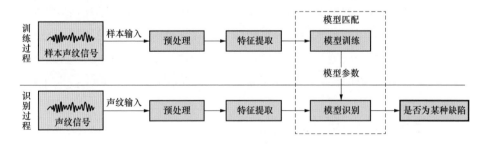

图 3-4　声纹识别典型流程图

（一）预处理

预处理不仅对语音数据进行归类拆分，去除冗余语音数据，还可以去掉静音段的噪声，在一定程度上对语音进行降噪处理，尽可能地保留被噪声污染前的干净语音信息。因为采集的语音信号包含很多声纹识别不需要的冗余信息且数据量较大，如果直接用原始语音数据进行声纹识别，不仅会造成识别过程计算量过大，而且会因为大量冗余数据导致系统识别的效果不理想。

（二）特征提取

特征提取可以利用声纹信号中某些需要的特征进行声纹识别，减少了系统的计算量，提高了系统的识别率，而且对于抗噪声能力强的特征还有助于提高系统的鲁棒性。特征提取的主要目的是获取能表征不同声纹的特征，考虑到声纹特征的可量化性、训练样本的数量和系统性能，提取声学特征通常会使用声谱包络参数语音信息、基音轮廓、共振峰频带宽及其轨迹、线性预测系数（线性预测系数、自相关系数、反射系数、对数面积比、线性预测残差）以及听觉特性（梅尔频率倒谱系数、感知线性预测系数）等。

（三）模型匹配

对提取到的特征参数进行计算处理得到相应模型，与声纹模型进行模型匹配，得到识别结果。模型匹配的方法通常归纳为概率统计、动态时间规整、矢量量化、隐马尔可夫模型、神经网络。近年来，随着神经网络技术的发展，越来越多的基于神经网络的模型匹配方法被应用到声纹识别中。

# 第二节　数字识别技术应用案例

数字识别技术在智慧变电站可实现多场景的应用，准确识别站内设备实时状态。例如，图像识别技术能够分辨断路器、隔离开关和压板位置等状态，声纹识别技术可以对变压器等电网主设备开展振动声学信号的分析，检测识别其故障类型等。下面以隔离开关和变压器为对象，举例说明数字识别技术在智慧站中的典型应用。

## 一、隔离开关分合闸图像识别

分合闸状态图像识别是根据隔离开关两边的绝缘子间的导电臂来框定分析区域，进而获得隔离开关的状态，两个绝缘子间的导电臂的长度如果相连，则判断隔离开关现在的状态为合闸位置，反之则判断为异常位置。系统通常采用图像灰度处理、图像平滑去噪声和二值化处理、形状特征分析、线段拟合及筛选、有效线段投影及开合状态判断五个步骤进行图像识别。

（一）图像灰度处理

图像灰度处理是将彩色图像进行灰度化，因为黑白图像所包含的信息量相较彩色图像更为精简实用。在图像处理中，图片的色彩空间是由 R（红色）、G（绿色）、B（蓝色）三种色彩的分量组成。灰度化处理就是对 R、G、B 三个色彩进行加权平均处理，从而获取灰度化图像。

彩色图像从变电站内视频监控装置拍摄的隔离开关的实时画面中获取，再从获取的实时画面中提取一帧进行后续检测。隔离开关状态图像如图 3-5 所示。

图 3-5　隔离开关状态图像

被提取的一帧图像首先对其边缘进行剪裁，再对剪裁后的图片进行灰度处理，转换为灰度图片。进行灰度处理后，需调整图片尺寸，减少图像中的无用信息。隔离开关灰度化状态图像如图 3-6 所示。

图 3-6　隔离开关灰度化状态图像

（二）图像平滑去噪声和二值化处理

视频监控设备在拍摄现场图片时，由于现场光照亮度等一系列问题影响，需要满足图片质量提升感光度。由于感光度的提升，拍摄设备的影像传感器会受到周边电路和本身像素间的光电磁干扰，拍摄的图片会出现一定程度的噪声点。图像去噪声就是去除图片中不必要的干扰信息，使图像平滑清晰、便于识别判断。

对图像进行滤波去噪，将已经去噪后的图像二值化处理，让图片中像素点矩阵里的每个像素点灰度值为 0 或 255（其中 0 为黑色、255 为白色）。处理之后的图像仅呈现黑白效果，这样图片中所包含的无关信息量又进一步减少，为识别过程提高了效率。

对转换完成后的灰度图像数据进行图像的边缘检测，用于发现输入图像的边缘，并且在输出图像中标识这些边缘。隔离开关的二值化图像边缘如图 3-7 所示。

图 3-7　隔离开关的二值化图像边缘

（三）形状特征分析

形状特征分析是图像处理领域的研究热点之一，从视频单元收集的图像中选取某一帧，对输入图像进行预处理，将 RGB 图像转换为灰度化图像并进行模糊处理，以减少噪声。对图像中的边缘进行 canny 边缘检测，根据铃木边界追踪算法找到电气设备轮廓、环境轮廓等众多轮廓。将这些轮廓根据其大小排序，只留下电气设备轮廓以继续下一个过程。

根据其轮廓，创建一个矩形边界框，包围轮廓并用于分割轮廓。图像形状轮廓处理流程如图 3-8 所示，通过该一系列流程，对二值化的隔离开关图像进行形状轮廓处理，测量差异结果作为电力设备形状特征分析的依据，将这些形状特征作为电力设备图像识别分析时的输入特征相量，在识别分析中能够取得满意的结果。

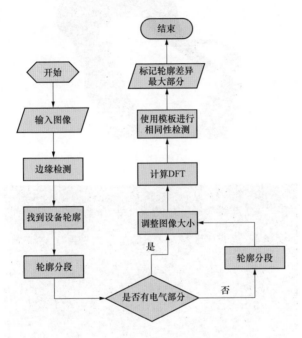

图 3-8　图像形状轮廓处理流程图

DFT—离散傅里叶变换

（四）线段拟合及筛选

对于二值化图片线段拟合采用霍夫变换（Hough transform）进行。线段拟合完成后，根据设备状态的特征取一条参考线段，将拟合完成的线段向参考线段方向投影，再根据投影线段与参考线段重合率识别设备所处状态。

对于完成二值化处理的图片，统计其亮点，将亮点信息存放在命名为pStruct［］的结构中。针对 pStruct［］结构中，取任意一个点 i，将 i 点与结构中其余点一一比较距离。设定一个阈值，若两点间距离小于阈值则忽略该两点间的线段。隔离开关图像阈值分割如图 3-9 所示。

若两点间距离大于阈值，则将该点通过霍夫变换判断两点是否在同一条线段上。若在同一条线段上则说明两点之间连通。将连通线段与其他线段比较，如若重合则不记录该线段，如若不重合则将线段存入命名为 lStruct［］的结构中。隔离开关状态图像的有效线段拟合如图 3-10 所示，线段拟合完成。

图 3-9　隔离开关图像阈值分割

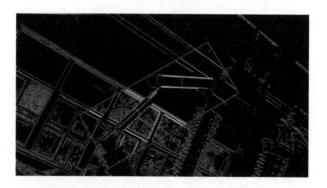

图 3-10　隔离开关状态图像的有效线段拟合

（五）有效线段投影及开合状态判断

线段拟合完毕后，将拟合后的线段定义为 lStruct1［］，按照参考线段方向进行投影。线段 lStruct1［］中与参考线段投影重合部分定为 $M$，未重合部分为 $N$，则有效线段投影的占空比为 $Gap = \dfrac{M}{M+N}$。定义两个隔离开关闭合时阈值，阈值 $GapThed1$ 为隔离开关闭合位阈值，$LineThed1$ 为隔离开关误差阈值。如若 $GapThed1 < Gap$，并且 $LineThed1 > N$，即有效空间占比大于隔离开关闭合阈值，且未重合部分 $N$ 小于隔离开关误差阈值，则判断开关为闭合状态，反之为打开状态。

二、变压器故障声纹识别

智慧变电站中的设备内部受到电、磁、机械等应力作用，将伴随产生振动，形成的机械波通过介质传递至外壳，可由声纹传感器装置捕捉。设备出现异常时，声学指纹会发生改变，因此，声纹识别可作为诊断设备缺陷及故障的有效方法。

变压器故障识别通常采用变压器声纹数据采集、声纹数据预处理、声纹特征提取以及声纹识别四个步骤进行。

（一）变压器声纹数据采集

变压器现场采用声纹采集传感器进行声纹数据采集。变压器声纹采集传感器现场安装如图 3-11 所示，它能够充分利用声音信号的时空特性，具有较强的抗干扰能力，对变压器背景噪声、声源定位和跟踪具有很好的适应性。

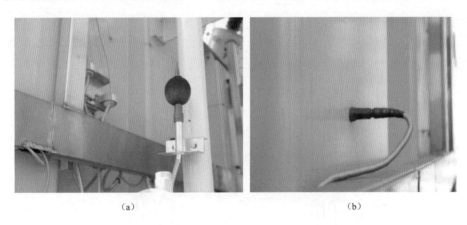

（a）　　　　　　　　　　　　（b）

图 3-11　变压器声纹采集传感器现场安装

（a）麦克风传感器；（b）接触式音频传感器

（二）变压器声纹数据预处理

（1）对采集的变压器音频进行分段操作。为了使输入的变压器音频都包含统一时长的信息，需要对时长进行限制。通过需要对获得的变压器音频数据进行分段切分。

（2）对已经分段的变压器音频数据进行分帧处理。"帧"是声音信号处理的最小单位，一般认为声音信号在长时间内呈现多变性，在短时间内呈现不变性；即在极短时间内，可以将声音的特征看成是固定不变的。基于这种思想，对整个变压器声纹数据进行进一步切分，将变压器声纹帧长设为 500ms，步长设为 1/2 帧长，以减少数据处理的运算量。

（3）对分帧后的变压器音频加窗处理。分帧在减少运算量的同时也会对声音信号带来不好的影响，其直接对音频波形进行简单切分（矩形窗），导致其在边界出现锐利的高频信号，其一般表现为在频谱中高频谐波分量增加，出现吉布斯效应，对后续信号处理产生不利影响。为了减少这种影响，需要对分帧数据进行端点平滑的加窗处理，使用汉明窗（Hamming window）对帧进行加窗处理。

（三）变压器声纹特征提取

（1）能量特征。变压器部分运行声音数据的时域谱线如图 3-12 所示，即时间与波形振幅的对应关系。在声音信号分析中，瞬时波形的振幅对应数据瞬时的能量，因此当振幅越大时，其能量越大。该方法虽然能够直观地展现较大能量杂音的出现位置，但是在其他时域中无法区分声音异常，能量特征无法单独检测故障位置，需要使用其他方法进一步分析。

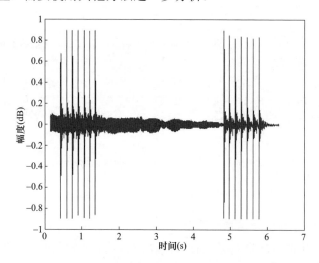

图 3-12　变压器部分运行声音数据的时域谱线

（2）频率特征。为更深入分析变压器声音波形振动特征，一般认为任何一段声音可以分解为一系列不同周期与幅度的三角函数（正弦函数、余弦函数）的叠加。使用一系列三角函数的频率与幅度来表达这段声音的特征，这种对应关系与时间无关，而与频率有关，故与时域谱对应称为频域谱。时域向频域的变化使用傅里叶变换实现。时域波形经过傅里叶变换得到声音的频域谱线如图3-13 所示。

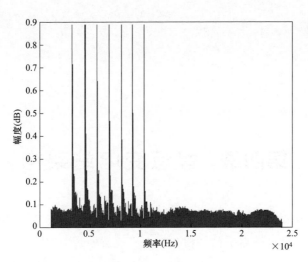

图 3-13　声音的频域谱线

（四）变压器故障识别

梅尔频率是模拟人耳听觉特性，其在低频范围内增长速度很快，但在高频范围内增长速度很慢。虽然梅尔频率系数有降维优势，且高频压缩效果非常出色，但依然存在着低频分辨率不足的问题；即在低频中其分辨率即使已经与变压器工作频率对应，也无法分辨非正常工作频率的信号，这将导致虽然其能够较正确地判断当前变压器的工作特征，但是无法准确判断是否存在非正常工作频率的噪声，因此需要进一步增加低频分辨率。基于梅尔频率"分辨率从高到低变化"的思想，使用类似的频率压缩策略，可分为三步：①将声音信息分为低频、中频、高频三个频段；②对三种频段使用不同的频率压缩比例；③压缩取值采取最大值策略，选取每个压缩区间的最大值作为压缩结果。根据所采集变压器的声纹数据，通过故障声纹模型的相似度匹配计算，可以得出此台变压器存在的气隙放电缺陷，即由变压器绝缘介质工艺缺陷导致内部存在杂质或者气隙，高压时，缺陷处发生局部的、重复的击穿情况。

# 第四章 智慧变电站架构

变电站一次设备、二次设备和辅助设备（包含消防设备）的状态感知以主设备监控为主，辅助设备无统一接入平台，仅有安防、消防等系统总报警信号接入调度监控系统，且主要是为各级调度主站提供实时监视和控制服务，面向设备运维的功能不足。智慧变电站系统构架以 CMS 协议为核心，统一站端及主站端监控系统数据传输标准，实现数据互联共享、智能联动。本章梳理了智慧变电站系统架构的系统层级和安全分区，详细介绍了由一次系统、二次系统和辅助系统构建的智慧变电站系统架构。

## 第一节 智慧变电站系统架构简介

传统变电站主辅设备监控系统架构的建设标准和技术标准均不统一，存在架构不规范、通信层级多，前端设备接入不规范等问题，导致系统形成众多信息孤岛，主辅设备数据无法共享、交互、联动，且运维成本较高。

智慧变电站将智能高压设备、自主可控新一代智能二次系统、主辅全面监控、远程智能巡视、综合防误等先进设备和技术全面融合到系统架构中。系统使用一体化设计、生产、部署的智能化设备，精简系统层级，实现主辅设备监控系统的采集数字化、接口标准化、分析智能化，着力提升设备智能化和主辅设备监控水平。智慧变电站数据传输以 CMS 协议为核心，利用多系统间的数据融合、协同控制实现智能联动、设备缺陷主动预警和智能决策等功能，提升变电运检质效和安全水平。智慧变电站系统架构可以分为一次系统、二次系统和辅助系统，系统架构如图 4-1 所示。

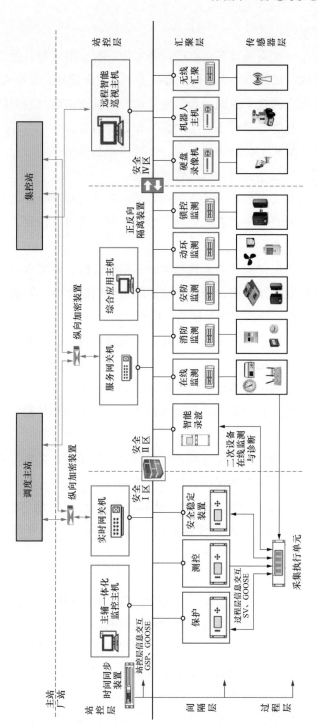

图 4-1 智慧变电站系统架构图

## 一、一次系统

智慧变电站一次系统设备由高压设备本体、智能组（部）件、传感器和智能监测终端组成。按照"防火耐爆、本质安全、状态感知、数字表计、免（少）维护、绿色环保"的技术原则，智慧变电站一次系统实现站内智能变压器、智能断路器、智能互感器等设备的集中监控和智能运检。

一次系统从架构上分为传感器层、汇聚层和站控层：

（1）传感器层负责部署高性能传感装置。

（2）汇聚层负责各类通信接入组网、信息处理与标准化接入技术。

（3）站控层负责各种储存、处理、诊断、预测等专业应用。

## 二、二次系统

二次系统出继电保护、安全自动控制、系统通信、调度自动化等组成，是实现与一次系统联系及监视、控制等功能的重要组成部分。智慧变电站二次系统采用分层、分布、开放式体系架构，按照"自主可控、安全可靠、先进适用、集约高效"的技术原则，完善二次设计，推进新设备、新技术应用，提升二次系统的可靠性和智能化水平。

二次系统从架构上分为过程层、间隔层和站控层：

（1）过程层实现模拟量信息和设备状态信息的采集和传输，接受并执行各种控制和操作指令。

（2）间隔层实现与过程层及站控层的网络通信功能，采集汇总本间隔过程层实时数据信息并实现设备保护、控制等功能。

（3）站控层完成变电站一、二次设备状态监视、"三遥"（遥测、遥信、遥控）信息交互、设备控制、逻辑联锁、智能应用、运行管理和主站支撑等功能。

## 三、辅助系统

辅助系统集成变电站火灾消防、安全防范、智能锁控、动力环境等系统的终端设备和传感器，为变电站综合监控提供辅助信息支撑。辅助设备按照"一体设计、数字传输、标准接口、远方控制、智能联动、方便运维"等要求进行设计，精简系统层级，取消各子系统独立主机，部署主辅一体化监控主机和综合应用主机，实现辅助设备集中监控。

智慧变电站辅助系统包括辅助设备监控系统和远程智能巡视系统，从系统架构层级上分为传感器层、汇聚层和站控层。

（1）辅助设备监控系统部署在安全Ⅱ区，通过综合应用主机标准化接入动环、消防、安防等子系统数据，实现变电站灯光、安防、视频、消防、门禁等报警远程确认、信号远程复位等功能。

（2）远程智能巡视系统部署在安全Ⅳ区，由远程智能巡视主机接入站内视频摄像头、巡视机器人等设备信息，实现数据采集、自动巡视、智能分析、实时监控、智能联动、远程操作等功能。

**四、智能联动**

智慧变电站系统联动功能是主设备监控系统通过发送联动信号，对接入的辅助设备、视频设备和巡检机器人等进行远程监视及智能联动，同时辅助设备间也可以进行智能联动。联动功能依托于标准化数据接口、正反向隔离装置、防火墙等完成Ⅰ区与Ⅱ区、Ⅳ区之间联动数据的安全传输。智能联动功能如图4-2 所示。

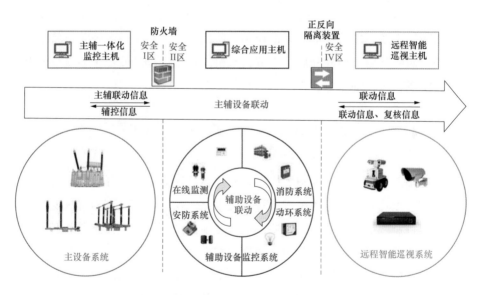

图 4-2 智能联动功能示意图

（一）主辅设备联动

主辅设备联动主要指的是安全Ⅰ区主设备监控系统与分别位于安全Ⅱ区和安全Ⅳ区的辅助设备监控系统和远程智能巡视系统进行策略性智能联动。综合应用主机应接收主辅设备监控主机发出的联动信号，根据联动策略，对Ⅱ区和Ⅳ区的辅助设备进行操作控制。

（1）主设备遥控预置信号联动：针对一次设备的遥控预置指令，实现根据操作命令进行对应视频预览、录像等联动功能。

（2）主设备变位信号联动：针对断路器、隔离开关等一次设备的变位信号，实现根据变位信号联动对应视频预置位进行预览、录像、巡视等功能。

（3）主设备监控系统告警联动：针对主变压器（简称"主变"）、断路器等一次设备的非电量告警信号、单体一次设备融合后的总告警信号以及保护动作跳闸信号，实现根据告警信息联动对应视频预置位、联动在线监测数据采集、联动开启灯光照明等功能。此外，主设备处于检修状态时，不发送联动信息。

（二）辅助设备联动

辅助设备联动主要指的是安全Ⅱ区的辅助设备监控系统中动环监控、消防监控、安防监控等子系统内部联动及各子系统间的联动。辅助系统联动主要包括：安防子系统入侵告警信号联动视频、照明等；消防子系统消防告警信号联动视频、照明开启、门禁开启、空调、风机动作等；动环监控子系统信号联动视频、空调、风机动作等。

# 第二节  一次系统架构

变电站的一次设备主要由变压器、断路器、隔离开关、互感器、避雷器、组合电器、无功补偿设备等组成。智慧变电站一次设备的类别与常规变电站基本保持一致，一次设备智能化主要体现在智能组（部）件、传感器和智能监测终端等，智能监测终端采用分布式和集中式两种方式。

智慧变电站智能高压设备主要包括智能变压器、智能高压开关设备、智能互感器、智能避雷器等，智能组（部）件、传感器与主设备采用一体化设计，监测数据统一接入集控站、调度主站等上级平台。

智慧变电站智能一次设备采用智能监测终端等作为在线监测子系统，数据标准化接入辅助设备监控系统，系统整体上分为传感层、汇聚层和站控层。智慧变电站一次系统架构如图4-3所示。

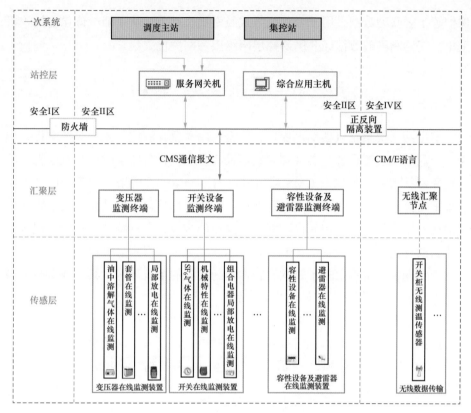

图 4-3　智慧变电站一次系统架构图

**一、传感层设备**

传感层主要由变压器、断路器、互感器等智能高压设备的各类传感装置构成，采集的设备状态数据通过智能监测终端上送至站控层网络。

**二、汇聚层设备**

汇聚层主要通过智能监测终端完成传感层数据的标准化获取和上送。变电站一次设备智能监测终端主要由变压器监测终端、开关设备监测终端、容性设备及避雷器监测终端等组成。除基于 CMS 传输标准的有线网络数据传输外，开关柜无线测温等无线传感器通过无线汇聚节点完成数据传输。

**三、站控层设备**

站控层主要由服务网关机、综合应用主机、主辅一体化监控主机等构成，完成各类数据处理、主辅设备联动、预警诊断等功能。站控层获取的一次系统监测数据有三种来源：①综合应用主机自身运行数据直接采集；②主设备测控、保护等Ⅰ区联动数据采用平台总线方式经采集执行单元从主辅一体化监控主机采集；③监测终端数据经Ⅱ区站控层网络服务网关机采集。

# 第三节 二次系统架构

变电站二次系统包括继电保护、安全自动装置、测控装置、监控主机、交换机、测量仪表等设备，实现实时数据采集和一次设备的实时控制及监视。随着物联网技术的发展以及 CMS 通信协议的进一步推广应用，智慧变电站二次系统采用分层、分布、开放式体系架构，按照"信息化、自动化、响应迅速、互动化、标准化"等要求建设，其二次系统的构成、运行特征、功能实现等出现了新的变化，二次设备运行的安全性和智能化水平得到显著提高。

智慧变电站采用了基于二次新技术、新设备的系统架构，其二次系统架构总体上分为"三层两网"，如图 4-4 所示。

**一、站控层设备**

站控层设备包括一体化监控主机、实时网关机、服务网关机等，完成变电站一、二次设备状态监视、"三遥"信息交互、设备控制、逻辑联锁、智能应用、运行管理和主站支撑等功能。

**二、间隔层设备**

间隔层设备包括保护装置、测控装置、集中计量和故障录波等二次设备，均具备采集、处理间隔主设备数据并作用于自身主设备的功能。间隔层设备与过程层智能设备、传感器以及站控层设备通信，主要通过承上启下的通信连接，同步高速完成与过程层及站控层设备的网络通信功能，采集汇总本间隔过程层实时数据信息、完成设备保护、控制等功能。

**三、过程层设备**

过程层设备主要包括就地安装的采集执行单元等智能设备。过程层设备连接了变电站一次设备与间隔层设备，实现模拟量信息和设备状态信息的采集和传输，接收并执行各种控制和操作指令。

**四、站控层网络**

站控层网络主要包括站控层中心交换机、间隔层交换机及其网络，用于接收、汇总全站的实时数据信息，高速实现站控层设备之间以及站控层设备与保护测控等间隔层设备的信息交互。

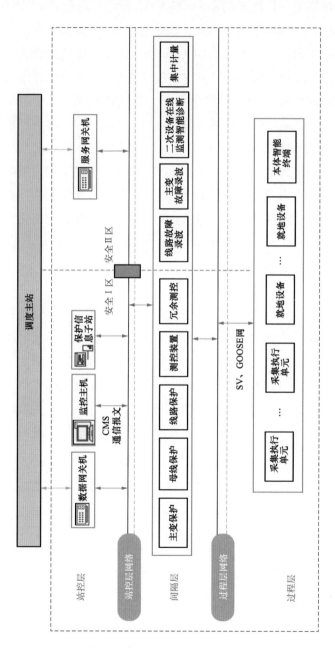

图 4-4　二次系统架构图

**五、过程层网络**

过程层网络主要包括 SV 网络和 GOOSE 网络，均使用发布/订阅机制，是智能设备、组件与间隔层设备沟通的桥梁。SV 网络实现电流、电压采样值信息的传输，对实时性要求较高。GOOSE 网络主要用于各个智能设备之间状态与控制信息数据交换，使用快速多次重传机制来保证信息传输的成功率。

智慧变电站使用 SCD 文件对设备进行统一配置，从源头上解决了不同厂家通信协议不同的问题，按照国网公司推行的"九统一"标准进行模型设计，并采用国际统一的 CMS 通信协议进行设备之间的信息传输和交互，实现了不同厂家设备之间数据通信的无缝衔接，解决了传统变电站不同厂家间通信复杂的问题。变电站二次设备之间进行采用快速通信的光纤通信网络，过程层和间隔层设备之间数据实现共享，设备间信息交互更加标准化、规范化。

# 第四节　辅 助 系 统 架 构

辅助系统整体结构上分为传感层、汇聚层和站控层。辅助设备监控系统和远程智能巡视系统协议化部署在该系统架构内，分别通过站控层的综合应用主机和远程智能巡视主机完成系统数据处理。系统完成安防、消防、视频监控、巡视设备等辅助设备的集中监控，同时配合主辅一体化监控主机实现主设备、环境监控、灯光智能控制、视频等系统间的数据交互共享与智能联动，利用多系统间的数据融合、协同控制，快速处理异常事件。辅助系统组成见表 4-1。

表 4-1　　　　　　　　　　辅 助 系 统 组 成

| 序号 | 系统类别 | 子系统 |
|---|---|---|
| 1 | 辅助设备监控系统 | 在线监测、动环系统、消防、安全防范、智能锁控等 |
| 2 | 远程智能巡视系统 | 视频监控子系统、机器人巡视子系统、辅助型无线传感等 |

**一、辅助设备监控系统**

辅助设备监控系统部署在变电站端，集成变电站在线监测、动环、消防、安防等子系统及相关终端和传感器设备。设备部署在安全Ⅱ区，与安全Ⅰ区和安全Ⅳ区通过防火墙和正反向隔离装置实现信息交互。辅助设备监控系统架构如图 4-5 所示。

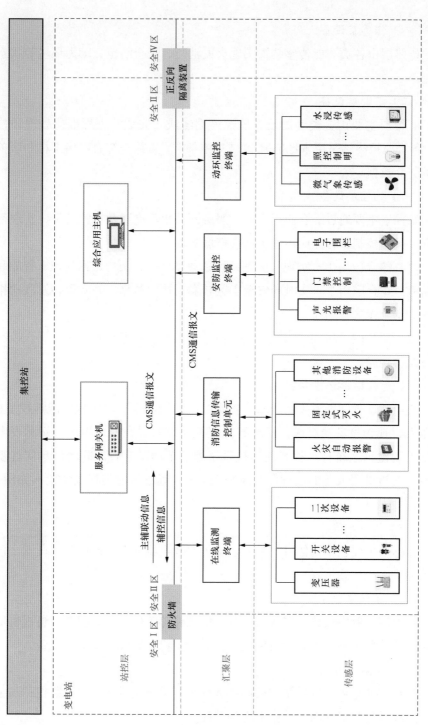

图 4-5 辅助设备监控系统架构图

（一）传感层设备

传感层由各类智能传感装置实现火灾消防、安全防范、动力环境等状态的监测。

（二）汇聚层设备

汇聚层主要由各类辅助设备监控终端组成，完成数据标准化处理和传输等。各类监控终端采用本地部署/区域集中部署，直接与综合应用主机和服务网关机交互数据。

（三）站控层设备

站控层主要通过综合应用主机、服务网关机等完成数据的处理，实现运行监视、操作控制、智能应用和主站支持服务功能。

（1）综合应用主机实现Ⅱ区辅助设备数据接入、历史数据处理、智能联动等功能。综合应用主机实时向安全Ⅰ区转发、接收数据，并实现转发联动相关联动信息至Ⅳ区等功能。

（2）服务网关机实现安全Ⅱ区变电站辅助设备信息接收上传、操作控制信息下发等功能。

**二、远程智能巡视系统**

变电站远程智能巡视系统部署在变电站站端，主要由远程智能巡视主机、机器人、视频设备等组成，远程智能巡视系统布置在安全Ⅳ区。智慧变电站辅助设备监控系统与远程智能巡视系统通过单向交互智能联动信息实现视频设备和巡检机器人等的远程监视及智能联动。远程智能巡视系统架构如图 4-6 所示。

（一）传感层设备

传感层主要包括摄像机等视频设备、巡视机器人以及同样部署在安全Ⅳ区的动环等无线传感装置。

（二）汇聚层设备

汇聚层主要完成传感层数据接收、标准化等工作，针对视频、巡视机器人和无线传感器分别布置硬盘录像机、机器人主机和无线汇聚节点设备。

（三）站控层设备

远程智能巡视系统在站控层利用远程智能巡视主机实现实时监控、与主辅设备监控系统智能联动、数据上送等功能。

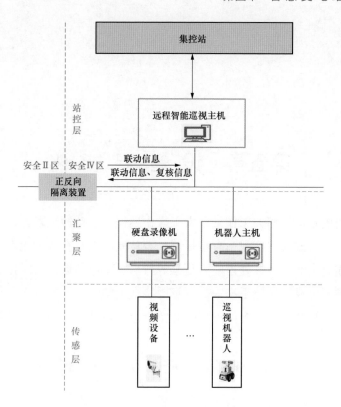

图 4-6 远程智能巡视系统架构图

# 第五章 设备智能化

常规变电站运检相关工作采取人工操作巡视、手动抄录表计、被动修试处理等传统工作模式，运检效率有待提高。智慧变电站具有数字化水平更高、设备状态监测更全面、数据处理能力更强等特点，变电站设备智能化助推电网更安全、设备更可靠、运检更高效。本章围绕变电站一、二次设备，从设备状态感知和智能分析决策两个方面深层次介绍智慧变电站设备智能化升级方案。

## 第一节 一次设备智能化

### 一、设备智能化简介

（一）设备智能化特征

智慧变电站一次设备直接用于变换、输送、疏导、分配电能，主要包括变压器、互感器、组合电器、断路器、开关柜、隔离开关、避雷器等智能设备。一次设备智能化采用智能组（部）件、数字表计、传感器等技术手段全面提升变电站一次设备安全可靠性。一次设备智能化包含以下特征。

（1）通过智能组（部）件和智能监测终端，实现一次设备的智能运行、状态监测、主动预警和智能研判。

（2）智能监测终端确保高压设备本体绝缘水平、密封性能、机械强度不受影响，满足设备安全运行，实现智能组（部）件、传感器与一次设备一体化设计。

（3）采用数字远传表计，实现全站仪表数据数字化采集、远传；对于无法实现数据远传的表计，采用视频监控手段，利用图像识别技术实现信息远传。

（4）传感器与智能监测终端、智能监测终端与站控层通信满足接口标准化要求，同类型传感器和智能监测终端实现不同厂家互换。

（5）传感器和智能监测终端满足工作现场电磁场、温度、湿度、沙尘、降水（雪）、振动或锈蚀等运行环境要求。

（二）设备智能化功能

智慧变电站一次设备采用一体化设计模式进行全面智能化升级，实现一次设备状态智能感知、状态主动预警以及运检智能决策等功能。

1. 状态智能感知

（1）依托智能传感技术，在对应设备部署先进传感装置，如光纤传感、声学指纹、机械特性、局部放电、触头测温等，实现状态全面感知的同时提高数据感知精度。

（2）应用在线监测技术，如特高频局部放电监测、断路器机械特性监测、油中溶解气体监测及铁心接地电流监测等，将智能传感器采集到的数据通过便捷通道传输，有效提高数据传输效率。

（3）采用避雷器泄漏电流表计、$SF_6$ 密度表计、变压器油温计、油位计等数字远传表计，实现全站主设备仪表数据数字化采集、远传，推动表计巡视业务从现场巡视向远程巡视转变，大幅减少日常运维工作量，显著提升运检绩效。

2. 状态主动预警

借助智慧变电站智能传感及辅助设备，深度融合设备台账信息、运行工况、环境信息、巡视记录、带电检测数据及各类试验结果，建立设备主动预警模型及规则库，依据规则库提前发现设备隐患，主动发出预警信号，为设备的智能决策提供技术支撑。

3. 运检智能决策

通过统一搭建的变电智能分析决策平台，收集智慧变电站设备故障前后的运行状态、保护动作、开关变位等故障信息，应用各类判别规则及模型，通过智能算法分析设备缺陷类型、部位、严重程度与状态信息的权重及量化关系，辅助运检人员进行设备故障分析和决策处理。

（三）设备智能化配置

智慧变电站一次设备智能化配置根据技术成熟度、监测准确性、实际应用成效、投资综合效益等诸多因素决定。智慧变电站一次设备核心智能化配置见表 5-1。

表 5-1　　　　　　　　　智慧变电站一次设备核心智能化配置

| 序号 | 设备种类 | 智能化配置 |
|---|---|---|
| 1 | 变压器 | 数字油温计、油位计 |
| | | 数字气体继电器 |
| | | 智能吸湿器 |
| | | 铁心夹件接地电流在线监测 |
| | | 油中溶解气体在线监测 |
| | | 特高频局部放电监测 |
| | | 套管油压、绝缘监测 |
| | | 声纹振动、声音监测 |
| | | 有载分接开关状态监测 |
| | | ... |
| 2 | 互感器 | 充气式互感器密度远传表 |
| | | 油压监测 |
| | | 油中溶解氢气监测 |
| | | ... |
| 3 | 组合电器 | 隔离开关分合闸位置"双确认" |
| | | $SF_6$ 气体密度监测 |
| | | 金属氧化物避雷器全电流、动作次数监测 |
| | | 特高频局部放电监测 |
| | | 箱（柜）环境温湿度监测 |
| | | ... |
| 4 | 断路器 | $SF_6$ 气体密度、湿度、成分监测 |
| | | 分合闸线圈电流监测 |
| | | 箱（柜）温湿度监测 |
| | | ... |
| 5 | 空气绝缘开关柜 | 手车位置"双确认" |
| | | 触头温度监测 |
| | | 机械特性监测 |
| | | ... |
| 6 | 充气绝缘开关柜 | 三工位隔离接地开关"双确认" |
| | | 绝缘气体密度监测 |

续表

| 序号 | 设备种类 | 智能化配置 |
|---|---|---|
| 6 | 充气绝缘开关柜 | 局部放电监测 |
|  |  | … |
| 7 | 隔离开关 | 隔离开关位置"双确认" |
|  |  | 箱（柜）环境监测 |
|  |  | 机械特性监测 |
|  |  | … |
| 8 | 避雷器 | 全电流在线监测 |
|  |  | 阻性电流在线监测 |
|  |  | … |

## 二、智能变压器

（一）组成及功能

1. 智能变压器组成

智慧变电站变压器智能化关键技术包括数字表计类、智能附件类、在线监测类等二十余项，变压器智能化配置见表 5-2。

表 5-2　　　　　　　　变压器智能化配置

| 序号 | 关键技术类型 | 智能化配置 |
|---|---|---|
| 1 | 数字表计类 | 数字油温计 |
|  |  | 数字油位计 |
|  |  | 数字气体继电器 |
| 2 | 智能附件类 | 智能吸湿器 |
|  |  | 风冷系统智能控制柜 |
| 3 | 在线监测类 | 油中溶解气体在线监测 |
|  |  | 铁心夹件接地电流监测 |
|  |  | 超声波局部放电监测 |
|  |  | 高频局部放电监测 |
|  |  | 特高频局部放电监测 |
|  |  | 射频局部放电监测 |
|  |  | 套管绝缘监测 |

续表

| 序号 | 关键技术类型 | 智能化配置 |
|---|---|---|
| 3 | 在线监测类 | 套管油压监测 |
| | | 声纹振动监测 |
| | | 声纹声音监测 |
| | | 有载分接开关状态监测 |
| | | 放油阀油压监测 |
| | | 绕组光纤测温 |
| | | 光纤振动监测 |
| | | 光纤压力监测 |
| | | 光纤超声波监测 |

　　智能变压器由变压器本体、智能组（部）件、传感器和智能监测终端组成，由于智能监测终端形式不同，可分为分布式和集中式两种。

　　分布式智能监测终端由监测模块进行单一状态量分析，综合分析单元接入所有监测数据和分析结果。集中式智能监测终端接入所有传感器监测数据，包含分布式智能监测终端各监测模块和综合分析单元全部功能，开展变压器多维度综合预警和分析。智能变压器的典型组成如图 5-1 所示。

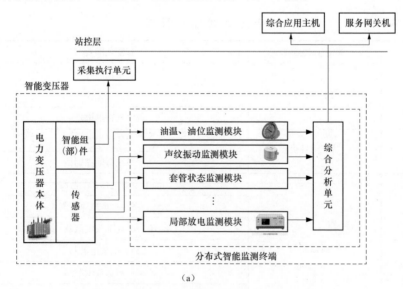

（a）

图 5-1　智能变压器的典型组成示意图（一）

（a）分布式智能监测终端

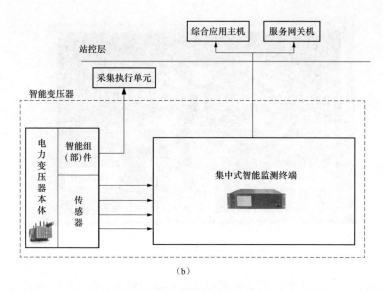

（b）

图 5-1　智能变压器的典型组成示意图（二）

（b）集中式智能监测终端

2. 智能变压器功能

（1）通过智能组（部）件、传感器及智能监测终端，智能变压器实现对变压器运行状态的监测、分析和预警。

（2）智能监测终端的状态监测数据采用统一数据模型，监测数据和分析结果通过统一通信协议上传至站控层。

（3）智能组（部）件及传感器的安装与变压器本体一体化设计，确保变压器安全运行。

（二）数字油温计和油位计

数字油温计和油位计将变压器油温和油位模拟信号转化为数字信号，并将数字信号传输至合并单元，合并单元按照 CMS 标准将信息组合并输出规范的数字信号帧，完成油温、油位信号的数字化转变，实现表计示数的实时远传，替代人工抄表工作。

1. 数字油温计

变压器数字油温计通过铂电阻温度传感器或热电偶等感温元件，利用铂电阻阻值对温度的线性变化或热电效应，将感知的温度信息就地显示并远传至监控系统。变压器数字油温计如图 5-2 所示。

图 5-2　变压器数字油温计

变压器数字油温计实时测量变压器油面和绕组温度，采用固定周期和告警触发相结合的数据上报模式，当测量温度高于设定阈值时，对应发出启动冷却风机、温度过高告警等信号。另外，数字油温计具备故障自检、免拆卸校验等功能。

2. 数字油位计

变压器数字油位计采用悬浮原理，通过连杆将油面线位移信号转换为角位移信号，以指针转动间接显示油位。当储油柜油面高度变化时，油位计浮球带动指针旋转；当油位处于极限位置时，凸轮拨动微动开关发出报警信号。变压器数字油位计如图 5-3 所示。

图 5-3　变压器数字油位计

变压器数字油位计由信号采集模块和数据远程通信模块组成，安装于变压器储油柜中部，实时显示变压器本体储油柜和有载分接开关储油柜油面位置，并采取固定周期和告警触发相结合的模式远传数据。另外，数字油位计具备故障自检、免拆卸校验等功能。

（三）数字气体继电器

数字气体继电器利用变压器内部故障产生的热油流、热气流带动继电器动作，通过电子信号远传功能发出告警信号。数字气体继电器通过管路连接于变压器储油柜和油箱，配有密封性能良好的集气盒，具备表计免拆卸校验的功能。

智能数字气体继电器附加配置瓦斯气量传感器，传感器探头安装在气体继电器顶盖内，电子放大器与接线盒盖板集成一体，探头和放大器通过屏蔽式电缆相连接，屏蔽式电缆负责供给电源及输出信号。智能数字气体继电器如图5-4所示。

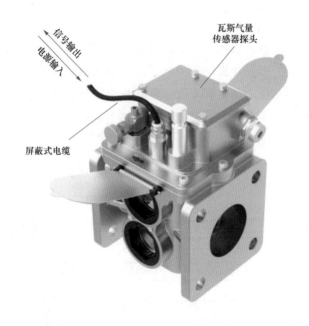

图5-4 智能数字气体继电器

智能数字气体继电器装配智能集气盒，由气体收集模块、定量取样模块、气体纯化模块、气体多组分感知模块组成。智能集气盒构造如图5-5所示。

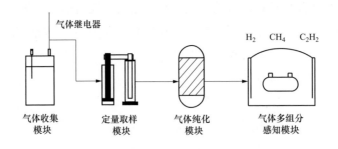

图 5-5　智能集气盒构造示意图

　　智能数字气体继电器实现轻瓦斯气体容积、油流流速的实时在线监测，当轻瓦斯动作或到达设定阈值时，启动对氢气、甲烷、乙炔等特征气体成分的定量检测。智能数字气体继电器将电子信号远传至后台协助变压器运行状态评估，为变压器瓦斯故障分析、检修提供技术支撑。

（四）声纹振动监测

　　变压器声纹振动信号由电磁力、转矩力等激励产生。绕组、铁心等振源发出声纹信号，经由紧固件、变压器油等介质作为传递途径，最终以变压器油箱表面振动的形式对外扩散，该振动信号继续经由空气向外传递成为声音信号，声纹振动监测技术根据振动信号和声音信号监测变压器运行状态。《电力变压器检修导则》（DL/T 573—2021）对变压器异常声信号诊断进行拟声描述。变压器振动产生及传播途径如图 5-6 所示。

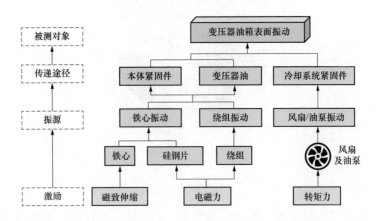

图 5-6　变压器振动产生及传播途径示意图

变压器正常运行时，振动信号包括本体振动、冷却装置振动以及切换有载分接开关产生的振动等；变压器发生故障后，声纹特性随着内部组件机械形变而改变，以此作为诊断缺陷及故障的重要特征参量。声纹振动监测技术借助波束形成算法，实现变压器声纹成像，精确定位振动异响源；利用人工智能识别方法处理声纹频谱，识别变压器故障类型及严重程度。

声纹振动信号采集装置由声敏单元、转换单元、辅助单元以及外部电路构成，声纹振动监测技术使用麦克风传感器或接触式音频传感器采集声信号，包括敞开式声发射传感器、谐振式声发射传感器、驻极体电容传声器。变压器声纹振动监测装置现场布置图在第三章第二节中已展示，声纹振动传感器如图5-7所示。

(a)　　　　　　　　　　　(b)

图 5-7　声纹振动传感器

（a）声发射传感器；（b）驻极体电容传感器

变压器声纹振动监测装置具备多个传感测点状态采集及显示、时频域分析的功能，形成历史数据记录、趋势分析、整体健康状态诊断结果，并传送标准化数据、分析结果、预警信息。另外，变压器声纹振动监测装置具备抗外部干扰的能力，具备防雨淋、防风、防鸟停功能。

（五）绕组光纤测温

光纤具有感知和传输信号的特性，绕组光纤测温技术将光导纤维的光传输特性与物体受热时产生的热能和光能联系在一起，利用光导纤维传输温度信号。其主要原理为：光源经由入射光纤传输到温度传感元件，感温元件以光波参数的形式发送检测到的温度信号，并通过出射光纤对外传输；光信号经过光电转换器转换成电信号，将绕组温度就地显示并上传至监控系统。

按照原理不同，绕组光纤温度传感器可分为荧光光纤型、光纤光栅型、光纤分布式型。光纤传感器具有体积小、质量轻、抗电磁干扰、安全性高、探头端无需供电等优点，特别适用于电气设备高电压、大电流、强磁场环境。光纤传感器直接附着于绕组温度待测区域，安装光纤传感器的变压器绕组如图 5-8 所示。

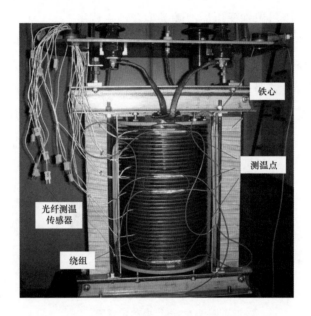

图 5-8　安装光纤传感器的变压器绕组

光纤测温的稳定性以及对温度变化的反应速度均优于热电偶测温方法，且变压器油流不影响光纤测温结果。光纤温度传感器具体安装位置通过仿真计算并结合变压器运行情况决定。

### 三、智能互感器

（一）组成及功能

1. 智能互感器组成

智慧变电站互感器智能化关键技术包括数字表计类、在线监测类，涵盖充气式互感器密度远传表、介质损耗电容量测量、高频局部放电测量、电压测量、油压监测、油中溶解氢气监测等技术手段。

智能互感器由互感器本体、内置或外置式传感器、分布式智能监测终端组成，其典型组成如图 5-9 所示。

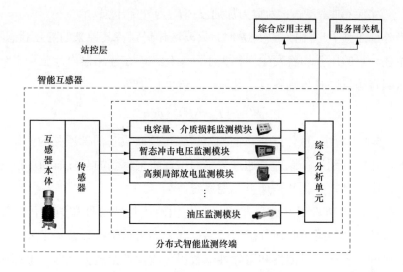

图 5-9　智能互感器典型组成示意图

2. 智能互感器功能

（1）通过监测单元和综合分析单元，智能互感器实现对互感器运行状态的监测、分析和预警。

（2）综合分析单元的状态监测数据采用统一数据模型，监测数据和分析结果通过统一通信协议上传至站控层。

（3）内置传感器与互感器本体一体化设计，确保互感器安全运行。

（二）油压监测

油浸式互感器储油空间小，油位异常将引发设备安全隐患。运维人员通过互感器顶部膨胀器外壳观察窗记录互感器油位，但有机玻璃制成的观察窗易模糊、老化、甚至碎裂，需停电更换；当前记录互感器油位的方式消耗大量人力物力，且运维方式不利于保障供电的可靠性。

互感器油压监测技术将油位高度信息转为油流压力数据，通过监测油压反映互感器油位情况。依据流体静力学帕斯卡定律，不可压缩静止流体任一点受外力产生压力增值后，此压力增值瞬时传至静止流体各点，当互感器油面高度为 $h$ 时，根据静压力基本方程，底部油压 $P$ 为

$$P = P_0 + \rho g h \tag{5-1}$$

式中：$\rho$ 为绝缘油密度；$g$ 为重力加速度；$P_0$ 为外部压强。

当外部压强 $P_0$ 变化为 $P_0+\Delta P$ 时，只要液体仍保持其原来的静止状态不变，液体中任一点的压强均将发生同样大小的变化；即在互感器内，施加于绝缘油上的压强将等值同时传到各点。此时，底部油压 $P'$ 为

$$P' = (P_0+\Delta P) + \rho gh \qquad (5\text{-}2)$$

式（5-2）表明，液体任一点的相对压强可反映设备内部压强的变化，智能互感器油压监测利用该原理，通过数字油压计将采集到的互感器油压信息转换为油面高度信息，并将其传递至监控系统。

数字油压计装设于互感器基座底部，由油压传感部件和数据传输部件组成。油压传感部件采用与原互感器螺堵相匹配的密封结构，避免了外界干扰，具有良好的兼容性、封闭性和可靠性；数据传输部件由数据处理、电源和通信模块组成，减少了与外界高噪声环境的直接接触，具有良好的环境适应性。互感器数字油压计如图 5-10 所示。

图 5-10　互感器数字油压计

互感器数字油压计具备油压检测、数据数字远传、异常报警（监测数据超

标、监测功能故障、通信中断）等功能，表计长期稳定工作，储存、导出压力数据及运行状态信息，具备断电不丢失储存数据和复电自恢复、自复位的功能，并配备有三通阀，可实现免拆卸校验表计。

### 四、智能组合电器

（一）组成及功能

1. 智能组合电器组成

智慧变电站组合电器智能化关键技术包括在线监测类、一键顺控相关技术等十余项，组合电器智能化配置见表5-3。

表 5-3　　　　　　　　　　　　　组合电器智能化配置

| 序号 | 技术类型 | 智能化配置 |
|---|---|---|
| 1 | 一键顺控相关技术 | 隔离开关分合闸位置"双确认" |
| 2 | 在线监测类 | $SF_6$气体密度监测 |
| | | $SF_6$气体湿度监测 |
| | | $SF_6$气体成分监测 |
| | | 金属氧化物避雷器全电流监测 |
| | | 金属氧化物避雷器动作次数监测 |
| | | 金属氧化物避雷器阻性电流在线监测 |
| | | 特高频局部放电监测 |
| | | 箱（柜）环境温湿度监测 |
| | | 断路器分合闸线圈电流监测 |
| | | 断路器储能电机电流监测 |
| | | 断路器行程监测 |
| | | 分合闸位置及次数监测 |
| | | 隔离开关电机电流监测 |
| | | 伸缩节与母线形变监测 |
| | | 弹簧压力监测 |

智能组合电器由组合电器本体、智能组（部）件、传感器和智能监测终端组成，智能监测终端采用分布式和集中式两种方式。智能组合电器的典型组成如图5-11所示。

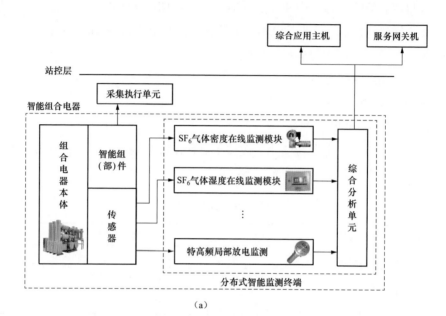

（a）

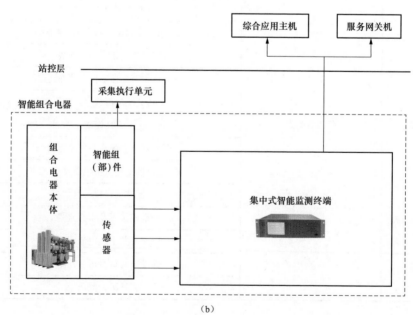

（b）

图 5-11 智能组合电器的典型组成示意图

（a）分布式智能监测终端；（b）集中式智能监测终端

2. 智能组合电器的功能

（1）通过智能组（部）件、智能监测装置，智能组合电器实现组合电器设备基础功能的扩展和运行状态的监测、分析和预警。

（2）智能监测终端状态监测数据采用统一数据模型，监测数据和分析结果通过统一通信协议上传至站控层。

（3）智能组（部）件、智能监测装置与组合电器主设备一体化设计，确保组合电器安全运行。

（二）特高频局部放电监测

特高频局部放电监测采用特高频传感器对频率范围在 300MHz～3GHz 的局部放电信号进行检测，有效规避 300MHz 频段以下电晕信号和噪声信号的干扰，具有检测精度高、抗干扰能力强、可带电检测等特点，广泛应用于组合电器局部放电在线监测和缺陷识别定位。

组合电器局部放电信号为持续时间纳秒级的脉冲电流，当高压导体上有金属突出物时，$SF_6$ 气体负离子在尖端强电场作用下发射电子，产生脉冲放电，其等值频率属于大于 1GHz 的特高频波段。特高频传感器耦合局部放电产生的瞬态脉冲电磁波，并将其转化为电压信号后输出，通过电压信号幅值、频率相关性、图谱，分析局部放电类型和严重程度。特高频局部放电传感器分为内置式和外置式，特高频传感器检测如图 5-12 所示。

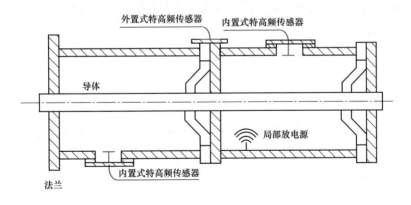

图 5-12　特高频传感器检测示意图

外置式特高频传感器安装于盆式绝缘子、组合电器外法兰等部位，检测单元耦合经由组合电器外壳金属非连续部位泄漏的局部放电特高频信号。外置式传感器具有安装方便、易于检修等特点，但接收信号因衰减而强度减弱。外置式特高频传感器现场安装如图 5-13 所示。

图 5-13　外置式特高频传感器现场安装

内置式特高频传感器安装于组合电器内部手孔或接口腔处，直接从组合电器内部检测局部放电信号。组合电器一体化设计过程中充分考虑内置式传感器的安装与气密性等问题，避免传感器对腔体内的电场分布造成影响。因此，内置式传感器难以通过后期改造的方式加装，但其具有灵敏度高、不受外部干扰等优点，更适用于组合电器长期局部放电在线监测。

组合电器特高频局部放电监测具备对信号幅值、相位、频次等基本表征参量进行实时自动监测、记录的功能，在复杂电磁环境下保证监测灵敏度，提供局部放电相位分布图谱、脉冲序列相位分布图谱，在监测值出现异常时根据数据库给出故障类型及置信概率的功能。

**五、智能断路器**

（一）组成及功能

1. 智能断路器组成

智慧变电站断路器智能化关键技术以在线监测类为主，包括 $SF_6$ 气体密度监测、$SF_6$ 气体湿度监测、$SF_6$ 气体成分监测、分合闸线圈电流监测、储能电机电流监测、断路器行程、分合闸位置及次数监测、箱（柜）温湿度监测、弹簧机构弹簧压力监测等技术手段。

智能断路器由断路器本体、内置或外置式传感器、智能监测终端组成，智能监测终端采用分布式和集中式两种方式。智能断路器的典型组成如图 5-14 所示。

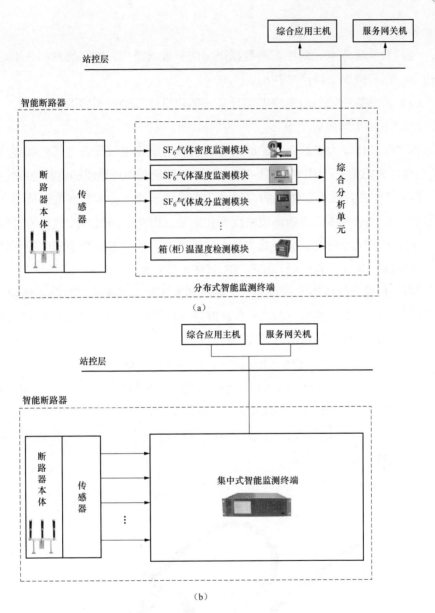

图 5-14　智能断路器的典型组成示意图

（a）分布式智能监测终端；（b）集中式智能监测终端

## 2．智能断路器的功能

（1）通过智能监测单元，智能断路器实现对断路器运行状态的监测、分析和预警。

（2）智能监测单元状态监测数据采用统一数据模型，监测数据和分析结果通过统一通信协议上传至站控层。

（3）传感器的安装与断路器主设备一体化设计，确保断路器安全运行。

（二）$SF_6$气体密度监测

以 $SF_6$ 气体作为绝缘介质的断路器、组合电器等电气设备，其绝缘强度与 $SF_6$ 气体压力正相关，因气密性不佳发生 $SF_6$ 气体泄漏将严重威胁设备绝缘性能。

$SF_6$ 气体密封在固定体积的容器内，在无泄漏的情况下其密度保持不变，而设备内部 $SF_6$ 气体压力随环境温度变化明显；因此，通过 $SF_6$ 气体密度表征设备 $SF_6$ 气体压力情况。采用数字化高精度感知芯片的 $SF_6$ 数字密度表计装设于气体绝缘设备气路阀门处，实现 $SF_6$ 气体密度监测。

贝蒂-布里奇曼状态方程是描述实际气体系统处于平衡状态时摩尔体积、压力及温度之间关系的经验方程，具有高度准确性。$SF_6$ 气体的密度计算利用 $SF_6$ 气体状态参数方程，即贝蒂-布里奇曼公式

$$P=0.58\times10^{-3}\rho T（1+B-\rho A）\times98\times10^{-3} \tag{5-3}$$

$$A=0.764\times10^{-3}（1-0.727\times10^{-3}\rho） \tag{5-4}$$

$$B=2.51\times10^{-3}\rho（1-0.846\times10^{-3}\rho） \tag{5-5}$$

式中：$P$ 为 $SF_6$ 气体的绝对压力（MPa）；$T$ 为 $SF_6$ 气体的空气热力学温度（K）；$\rho$ 为 $SF_6$ 气体的密度（kg/m³）。

断路器 $SF_6$ 数字密度表计如图 5-15 所示。

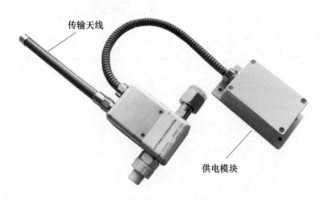

传输天线

供电模块

图 5-15　断路器 $SF_6$ 数字密度表计

$SF_6$数字密度表计具备实时监测压力、微水、气体温度以及计算 $SF_6$ 气体密度的功能，全量程压力测量精度达±1%，温度检测精度达±0.5%，在低压、闭锁、超压等异常情况下报警，将监测、报警信息远传。表计在长期稳定工作中具备免拆卸自校验功能，可及时校正因"零漂"造成的误差，并配备有三通阀。

## 六、智能空气绝缘开关柜

### （一）组成及功能

#### 1. 智能空气绝缘开关柜组成

智慧变电站空气绝缘开关柜（简称"空气柜"）智能化关键技术主要包含：手车位置"双确认"属于一键顺控相关技术；弧光监测装置属于智能辅件类；在线监测类包括触头测温、机械特性监测、局部放电监测等技术手段。

智能空气绝缘开关柜（简称"智能空气柜"）由空气柜本体、智能组（部）件、传感器及智能监测终端组成，智能监测终端采用分布式或集中式两种方式。智能空气柜的典型组成如图 5-16 所示。

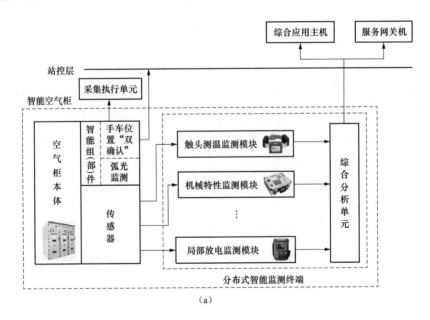

（a）

图 5-16 智能空气柜的典型组成示意图（一）

（a）分布式智能监测终端

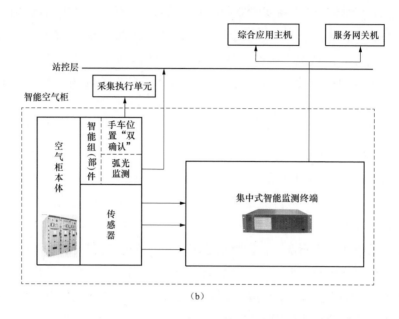

图 5-16　智能空气柜的典型组成示意图（二）

（b）集中式智能监测终端

2. 智能空气柜功能

（1）通过智能组（部）件、智能监测装置，智能空气柜实现对空气柜的智能运行、状态监测、主动预警、智能分析和控制。

（2）智能监测终端的状态监测数据采用统一数据模型，监测数据和分析结果通过统一通信协议上传至站控层。

（3）智能组（部）件与空气柜本体一体化设计，确保空气柜安全运行。

（二）触头测温

开关柜触头在发生松动、老化以及开关柜处于超负荷运行、大电流持续工作等异常状态时，易导致触头温升过高。开关柜触头温度超标将对绝缘材料性能及设备寿命产生无法逆转的影响。

开关柜具有高电压、大电流、高温度、强电磁场等运行特点，其触头温度监测方法必须满足不破坏设备绝缘水平、具有较强抗电磁干扰能力、热稳定性良好等要求。开关柜触头测温相关技术如图 5-17 所示。

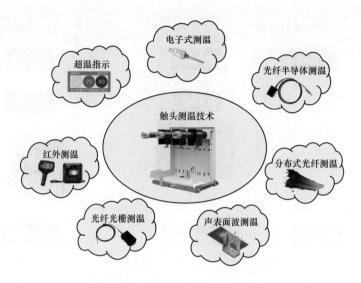

图 5-17 开关柜触头测温相关技术

（1）超温指示技术。超温指示技术依据行业标准设定温度阈值，当目标温度超过阈值时发出直观指示，主要应用示温蜡片、气体超温释放进行超温监测。

（2）电子式测温技术。电子式测温利用数字温度传感器，通过热敏电阻、热电偶等接触式温度传感元件测量开关柜触头温度，具有检测成本低、易受电磁干扰等特点。

（3）红外测温技术。红外测温技术基于物体温度与表面辐射能量的关系，通过红外温度传感器接收物体红外辐射能量，进而计算被测目标温度值，具有图像直观、不接触测温、抗干扰性强等优点。

随着人工智能等新技术赋能红外测温等带电检测工作，根据工单智能生成设备测温点位，融入内外网数据交互功能，将测温信息远传至 PMS 设备资产精益管理系统，并自主生成检测报告。贯通带电检测设备与智能诊断后台、PMS 系统的实时数据通信，构建数字化带电检测新模式。红外测温数字化作业流程如图 5-18 所示。

另外，光纤光栅测温技术、光纤半导体测温技术、分布式光纤测温技术具有抗电磁干扰强、绝缘性能好、可定点测温等优点，声表面波测温技术具有免维护、使用寿命长、持续高温耐受能力强等特点。不断涌现的新型测温方法在某些场合得以试点应用。

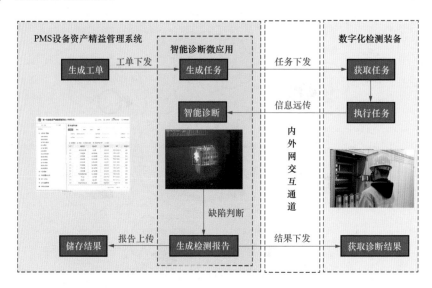

图 5-18　红外测温数字化作业流程图

开关柜触头测温具备实时测温、通信、对时功能，具备根据负载电流、温升数据的变化趋势对存在缺陷及严重程度做出判断，测温装置具备长期连续监测功能，当温度异常报警时，连续采集温度数据时长不少于 30min。

### 七、智能充气绝缘开关柜

（一）组成及功能

1. 智能充气绝缘开关柜组成

智慧变电站充气绝缘开关柜（简称"充气柜"）智能化关键技术包含：三工位隔离接地开关"双确认"属于一键顺控相关技术；在线监测类包括智能化机械特性监测、绝缘气体密度监测、局部放电监测等技术手段。

智能充气绝缘高压开关柜（简称"智能充气柜"）由充气柜本体、智能组（部）件、传感器和智能监测终端组成，智能监测终端采用分布式和集中式两种方式。智能充气柜的典型组成如图 5-19 所示。

2. 智能充气柜功能

（1）通过智能组（部）件、智能监测装置，智能充气柜实现对充气柜运行状态的监测、预警和分析。

（2）智能监测终端的状态监测数据采用统一数据模型，监测数据和分析结果通过统一通信协议上传至站控层。

（3）智能组（部）件安装与充气柜主设备一体化设计，确保充气柜安全运行。

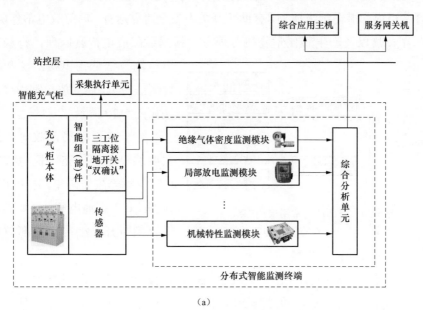

（a）

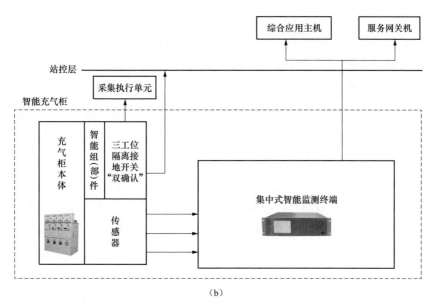

（b）

图 5-19 智能充气柜的典型组成示意图

（a）分布式智能监测终端；（b）集中式智能监测终端

83

（二）局部放电监测

局部放电是开关柜绝缘缺陷的典型表现，通过监测局部放电信号，及时发现开关柜内部潜在绝缘缺陷，有助于开关柜安全可靠运行。局部放电常伴随电、声、光、热以及产生新化学物质等现象。根据局部放电检测原理，将局部放电检测方法分为电检测法和非电检测法两类，局部放电常用检测方法如图 5-20 所示。

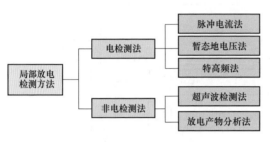

图 5-20　局部放电常用检测方法

智慧变电站局部放电传感器主要装设于智能充气柜电缆室及电压互感器安装隔室，选用超声波检测法、暂态地电压法、特高频法综合判断开关柜内部局部放电状态，实现信号的在线监测。

（1）超声波检测法。超声波检测法捕捉局部放电产生的冲击振动（即频率高于 20kHz 的超声波），通过基于压电效应的压电超声传感器判断局部放电位置、类型及严重程度。

（2）暂态地电压检测法。局部放电产生的高频电流波传至金属断开面或绝缘连接处时，电磁波上升沿接触到金属外表面产生暂态地电压，通过测量暂态地电压的幅值判断局部放电的严重程度。

（3）特高频检测法。通过特高频耦合天线对电力设备局部放电产生的特高频信号进行采集，判断设备局部放电类型、绝缘状态，实现局部放电带电检测，其具有灵敏度高、抗干扰能力强等优点。

局部放电监测单元实时监测开关柜内部局部放电缺陷，对绝缘缺陷进行预警、密集跟踪监测和趋势分析，对于瞬发故障进行录波，监测值出现异常时提供故障类型及置信概率，具备远程调阅数据库以及监测数据、波形的功能。

## 八、智能隔离开关

（一）组成及功能

1. 智能隔离开关组成

智慧变电站隔离开关智能化关键技术包含：隔离开关位置"双确认"属于一键顺控相关技术；在线监测类包括箱柜环境监测、机械特性监测（电机电流监测、扭矩监测）等技术手段。

智能隔离开关由隔离开关本体、智能组（部）件、传感器和分布式智能监测终端组成。智能隔离开关的典型组成如图 5-21 所示。

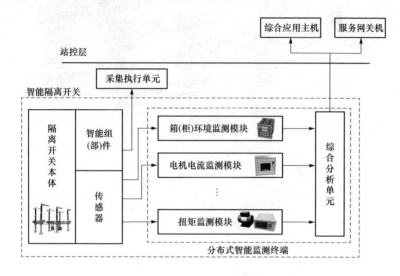

图 5-21　智能隔离开关的典型组成示意图

2. 智能隔离开关功能

（1）通过智能组（部）件，智能隔离开关实现对隔离开关位置的"双确认"。

（2）通过智能监测装置对隔离开关运行状态进行评估。

（3）智能组（部）件、智能监测装置的安装不影响隔离开关正常运行，确保隔离开关安全运行。

（4）传感器的安装确保隔离开关满足安全运行要求，主设备绝缘及密封性能、机械强度不受影响，不降低主设备运行寿命及控制可靠性。

（二）隔离开关位置"双确认"

隔离开关常规倒闸操作环节复杂、效率低下、重复性工作多，均需运维人员现场执行，常规倒闸方式已经不足以适应智慧变电站以及电网规模增长的需要。隔离开关位置"双确认"是指通过两个及以上非同源或非同种原理的状态指示，有效、可靠地判别隔离开关分合闸位置。

辅助开关装设于机构箱内，是隔离开关分合闸位置判断的第一判据；另外，通过磁感应传感器、微动开关等传感器判据，或通过摄像头视频图像判据选择其一作为第二判据，实现"双确认"的第二种非同源状态指示。隔离开关位置"双确认"如图 5-22 所示。

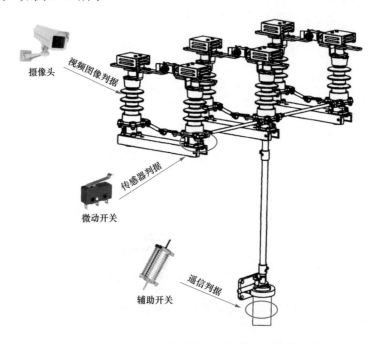

摄像头

视频图像判据

微动开关

传感器判据

辅助开关

遥信判据

图 5-22　隔离开关位置"双确认"示意图

隔离开关分合闸位置"双确认"监测系统与操动机构辅助开关配合，在不影响隔离开关本体正常运行和操作的情况下，有效、可靠地判别隔离开关分合闸位置，并具备承受安装点正常操作或额定峰值耐受电流下电动力的能力。

## 九、智能避雷器

（一）组成及功能

1. 智能避雷器组成

按照电流属性不同，智慧变电站避雷器智能化关键技术分为全电流在线监测和阻性电流在线监测：全电流在线监测包括全电流有效值监测、动作次数监测；阻性电流在线监测包括阻容比值监测、阻性电流基波峰值监测。

智能避雷器由避雷器本体、传感器、分布式智能监测终端组成，智能避雷器配置的各监测模块接入综合分析单元。智能避雷器的典型组成如图 5-23 所示。

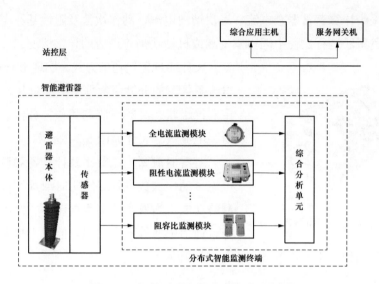

图 5-23 智能避雷器的典型组成示意图

2. 智能避雷器功能

（1）通过智能监测装置，智能避雷器实现对避雷器的运行状态监测和预警；

（2）避雷器智能监测装置的安装不影响避雷器主设备正常运行。

（二）全电流监测

避雷器全电流为分为阻性电流和容性电流，是避雷器的重要特征参数，全电流也被称为泄漏电流。当避雷器老化导致绝缘性能下降时，其容性泄漏电流分量几乎不变，而阻性泄漏电流分量明显增长，因此通过测量阻性泄漏电流判断避雷器的绝缘性能。避雷器泄漏电流数字表计装设于避雷器接地引下线，实现避雷器全电流在线监测。

测量泄漏电流常用谐波分析法、三次谐波法和容性电流补偿法。

（1）谐波分析法的应用最为广泛，根据傅里叶变换对经过模数转换后的信号进行处理，得到信号中基波各项参数和高次谐波的谐波畸变率。

（2）三次谐波法依据泄漏电流阻性分量与三次谐波的数学关系，通过对阻性泄漏电流三次谐波的测量来计算阻性泄漏电流，推断绝缘老化程度。

（3）容性电流补偿法利用电压和电流的相位关系实现避雷器容性电流分量的补偿，平衡泄漏电流的容性分量，直接监测阻性电流的变化。

避雷器泄漏电流数字表计与避雷器串接于电网中运行，基于高效微电流取能技术采集计算避雷器全电流、三次谐波电流、动作次数及阻性基波电流，及时判断避雷器运行过程中因内部受潮或机械缺损等造成的异常情况。

图 5-24 避雷器泄漏电流数字表计

表计通过无线通信方式，实现 0.1mA 泄漏电流条件下的分钟级数据采集和远传，实现避雷器绝缘状态高频率监测和预警分析。避雷器泄漏电流数字表计如图 5-24 所示。

避雷器泄漏电流数字表计具备对避雷器全电流、动作次数进行连续实时或周期性自动监测的功能；当发生监测数据超标、监测功能故障、通信中断等异常情况时能发出报警信号；表计能长期稳定工作，具备免拆卸校验功能。

# 第二节  二次设备智能化

智慧变电站采用基于二次新技术、新设备的系统架构，二次系统的构成、运行特征、功能实现等出现新的变化，新技术、新设备的应用可提高变电站二次设备信息交互的可靠性和安全性，有力提升变电站二次系统运行的可靠性和智能化水平。

## 一、二次设备在线监测和智能诊断系统

### （一）二次设备在线监测系统

变电站二次系统实现变电站数据采集和对一次设备的实时控制功能，其运行可靠性关乎一次设备安全运行和负荷正常供电。

二次设备在线监测系统多维度采集二次设备及站内网络运行信息，显示保护、自动化系统的运行状况，实时监测二次设备的状态变化，实现二次设备在线监测、运行巡视、智能预警等功能。二次设备在线监测系统功能如图 5-25 所示。

（1）在线监测：实现基于主接线图的全站保护装置运行状态（运行、异常、检修、闭锁、跳闸）可视化全景展示以及装置功能状态全景在线监视，包括保护功能软压板、装置面板指示灯等状态。

（2）运行巡视：实现保护装置定值、软压板、保护功能状态等内容的定期

巡视，主动上送异常信息，自动生成、上送巡视报告，并能响应主站召唤巡视报告请求。

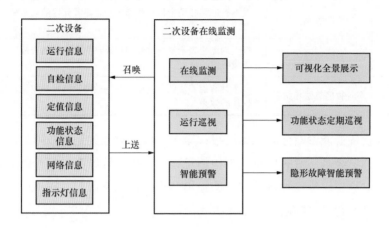

图 5-25 二次设备在线监测系统功能示意图

（3）智能预警：监测装置温度、电源电压、过程层端口发送、接收光强和纵联通道光纤光强等信息，对一次设备同源数据、双套配置装置采样信息进行数据比对、变化趋势分析，实现保护装置采样数据正确性判断及故障智能预警功能。

（二）二次设备智能诊断系统

二次设备发生故障时，设备及相关通信网络中会出现大量报警信息，在线监测系统获取并将此报警信息发送到故障诊断系统，故障诊断系统随即对信息进行分析处理。

在二次设备状态全面可观的基础上，系统采用高效可靠的故障诊断方法，进行缺陷异常定位。常用二次设备故障诊断算法见表 5-4。

表 5-4　　　　　　　　　常用二次设备故障诊断算法

| 序号 | 故障诊断算法 | 算法描述 |
| --- | --- | --- |
| 1 | 人工神经网络 | 将人类神经系统信息传输和处理机理运用于故障诊断，主要针对数学模型难以描述的问题 |
| 2 | 粗糙集理论 | 运用积累的知识推导问题分类规则，深度发掘隐含知识和规律 |
| 3 | 模糊集理论 | 利用模糊规则对不可靠信息或者不确定性关联进行推理诊断 |

续表

| 序号 | 故障诊断算法 | 算法描述 |
|---|---|---|
| 4 | Petri 网 | 根据有向拓扑图中信息传递关系描述各元件的动态特性，进而推理出故障元件 |
| 5 | 贝叶斯理论 | 以无向图来表示系统的物理拓扑结构，然后结合故障特征信息计算设备故障概率 |
| 6 | 多种智能算法相结合 | 将多种智能算法结合使用，各种故障诊断算法取长补短，达到更佳诊断效果 |

二次设备智能诊断分为三个层级：第一层级是对收集到的故障信息做基础诊断；第二层级是从对时信息、自检信息、通信报文等维度进行诊断分析；第三层级是对第二层级三种诊断方式的输出结果进行综合研判并输出故障诊断结果。二次设备智能诊断层级如图 5-26 所示。

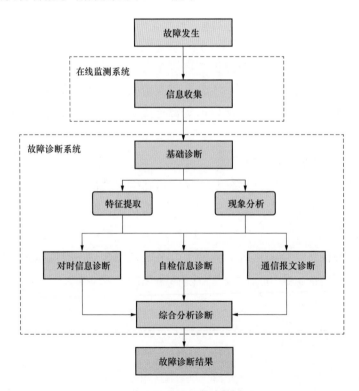

图 5-26　二次设备智能诊断层级示意图

根据诊断系统提取的不同故障现象及其特征，系统分为以下三种诊断方式：

（1）对时信息诊断。这种诊断方式主要针对设备对时故障进行诊断，智能诊断系统根据对时异常信息及外部时钟状态分析、确定故障设备。

（2）自检信息诊断。这种诊断方式主要根据装置自检异常信息对故障设备进行诊断，从而得出故障设备的大致范围。

（3）通信报文诊断。这种诊断方式主要根据网络通信过程以及通道数据状态（如报文误码率、丢包数、收光强度）等情况进行诊断。

智能诊断系统对上述三种诊断方式的分析结果进行整合及综合分析诊断，实现故障定位。

以设备通信过程为对象的诊断如图 5-27 所示。智能诊断系统提取网络通信状态特征量，如交换机端口状态、装置光强状态、装置断链告警信息、通信报文内容等信息，通过物理回路和逻辑回路状态诊断，实现通信链路诊断及故障点准确定位。

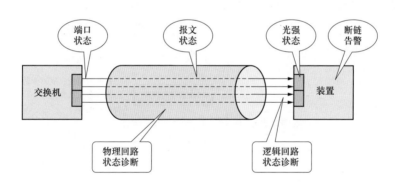

图 5-27　以设备通信过程为对象的诊断示意图

（三）主要设备

变电站二次设备在线监测和智能诊断系统以智能录波器为核心，集成变电站智能运维、录波、网络分析和保护信息管理等功能，直观反映变电站二次系统运行状况，为二次系统的日常运维、检修安全措施、电网异常处理及事故分析提供技术支撑和辅助决策依据。

在智慧变电站信息网络中，二次设备在线监测、故障预警与智能诊断功能实现需要大量数据交互，智能录波器的数据交互如图 5-28 所示。

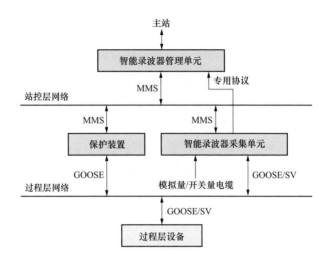

图 5-28　智能录波器数据交互示意图

MMS—制造报文规范

　　智能录波器在功能结构上由管理单元与采集单元组成，主要集成了二次系统可视化、智能运维、故障录波、网络报文分析四个功能模块。智能录波器的基本功能模块如图 5-29 所示。

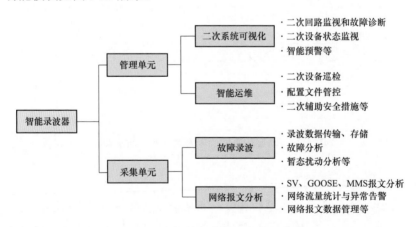

图 5-29　智能录波器的基本功能模块示意图

　　（1）二次系统可视化模块：包含二次设备状态监测、智能预警、二次回路在线监视、二次回路故障诊断等功能。

　　（2）智能运维模块：包含二次设备智能巡检、配置文件管控、二次检修辅助安全措施等功能；支持召唤正式定值及软压板状态等设为基准值，系统召唤装置定值等信息与基准值进行比较，若不一致则触发告警，实现设备在线校核功能。

（3）故障录波模块：包含录波触发存储、录波分析、暂态扰动分析、在线监视画面展示等功能。单台采集单元暂态录波可配置灵活 SV 通道不少于 192路，GOOSE 开关量通道不少于 1024 路。

（4）网络报文分析模块：包含报文记录、报文分析、网络流量统计与异常告警等功能。采集单元采集过程层网络 GOOSE、SV 信息并发送给管理单元，可清晰展示各个通道的过程层报文，方便记录并分析。

在数据交互、全面感知设备状态基础上，各功能模块各司其职，实现二次设备在线监测、故障预警与智能诊断等功能。

（四）智能诊断案例

智慧变电站二次设备智能诊断系统全面感知设备状态信息，过程层光纤回路出现故障时，相关二次设备产生告警；系统采集设备告警信息以及过程层光纤链路功率数据，诊断故障原因并定位故障发生位置，为运维检修人员提供技术支撑和辅助决策依据。

现场发生 10kV 母线分段备用电源自动投入装置（简称"备自投"）断链告警，智能录波器图形化展示关联设备间过程层物理链路，如图 5-30 所示。

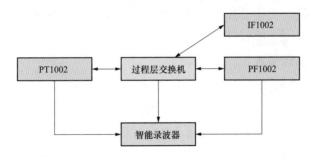

图 5-30　智能录波器图形化展示关联设备间过程层物理链路示意图

图形化展示的装置名称用 IEDNAME 代替，其中 10kV 备自投为 PF1002，1 号主变 102 断路器后备保护为 PT1002，分段断路器保护为 IF1002。

智能诊断系统读取到过程层网络告警信息：备自投 PF1002 接收 1 号主变102 断路器后备保护 GOOSE 断链。

智能诊断系统读取过程层交换机端口GOOSE报文中关于PT1002设备的相关信息，交换机并未收到PT1002相关信息，给出诊断信息，故障点可能存在于PT1002组网发送光口、PT1002至过程层交换机光纤或者交换机接收PT1002端口。智能录波器诊断信息如图5-31所示。

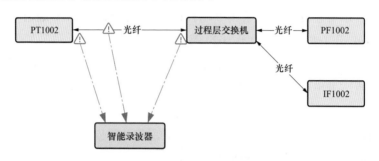

图 5-31　智能录波器诊断信息示意图

依据诊断信息，智能录波器继续读取通信链路上相关节点的状态信息，检查各节点光功率是否在正常范围内、端口数据流量是否正常，最终将故障点定位到交换机接收PT1002过程层信息对应端口，与现场检查结果一致。

通过设备间的信息交互，智慧变电站在线监测系统实时监测网络数据，根据数据变化情况及时预警。设备故障时，在线监测系统和故障诊断系统立刻做出反应，由故障诊断系统对数据进行分析处理，为运维检修人员提供技术支撑和辅助决策依据，优化设备异常处理流程，保障二次设备健康运行，大大提升电网主设备运行安全性和可靠性。

**二、冗余测控装置**

（一）冗余测控概念及功能

作为变电站间隔层二次核心设备，测控装置可实现一、二次设备信息采集、对受控对象实时控制等。测控装置面临实时信息传输数据量大、无冗余备用等问题；一旦间隔测控装置出现故障，该间隔一、二次设备信息采集与实时控制功能将失效，危及电网运行安全。

冗余测控装置是将多个间隔测控装置功能集成于一台测控装置，可作为间隔测控装置的后备装置，实现故障测控装置的自动替代，保障设备实时信息上送及控制功能的完整性。在智慧变电站网络中，冗余测控装置的典型配置如图5-32所示。

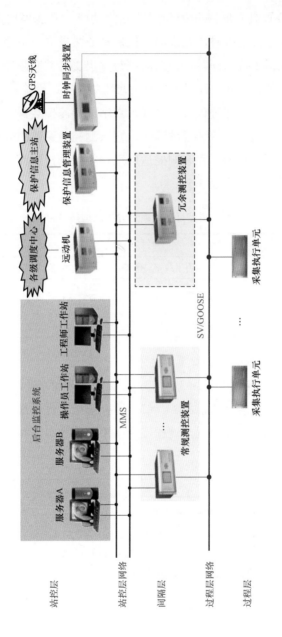

图 5-32 冗余测控装置的典型配置图

（二）冗余测控技术

冗余测控装置具有间隔测控装置的完整功能，并能根据需要实现自动投退。在间隔测控正常运行时，冗余测控仅保持心跳报文，不会对网络运行方式和数据流量有任何干扰。同时，冗余测控装置也支持关联测控的通信参数、联锁配置和过程层数据发布、订阅等配置信息直接导入。受输入/输出数据形式的限制，冗余测控目前仅能替代数字采样、数字跳闸测控装置。

当与之相关的间隔测控装置故障时，冗余测控装置监测数据变化并自动接管目标测控装置相关功能。冗余测控适用三种类型测控装置的故障替代，可替代装置分类及适用场合见表5-5。

表 5-5 冗余测控可替代装置分类及适用场合

| 序号 | 应用分类 | 适用场合 |
|---|---|---|
| 1 | 间隔测控 | 主要应用于线路、断路器、高压电抗器、主变单侧及本体等间隔 |
| 2 | 一个半断路器接线测控 | 主要应用于 500kV 以上电压等级线路及边断路器间隔 |
| 3 | 母线测控 | 主要应用于低压母线、公用间隔 |

（三）冗余测控装置现场配置

冗余测控装置面板如图 5-33 所示，符合国网公司"四统一"（统一外观接口、统一信息模型、统一通信服务、统一监控图像）规范测控装置面板要求，站控层网络接口为双网口配置，过程层网络接口兼容组网和点对点通信方式，为单网配置。

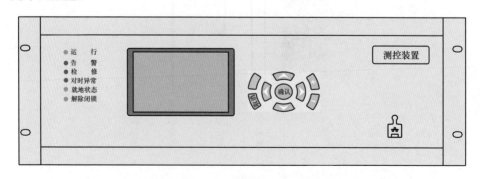

图 5-33 冗余测控装置面板示意图

冗余测控装置硬件典型配置为 1 块开入板、1 块 CPU 板（中央处理器板）

和 3 块 DSP 板（数字信号处理板）。开入板负责常规开关量接入，CPU 板负责站控层通信，DSP 板负责对过程层通信功能。1 块 DSP 板可替代 5 个间隔，1 台冗余测控装置支持分时替代最多 15 个间隔测控装置功能。

以 110kV 等级间隔典型配置为例，包含 10 台线路间隔测控装置、1 台母联间隔测控装置、2 台主变间隔测控装置和 1 台母线测控装置，共 14 台测控装置，仅需配置 1 台冗余测控装置，其关联测控装置参数、配置文件等信息可直接一次性导入，无需手动配置，提升了装置运行安全性。

### 三、集中计量系统

#### （一）集中计量系统概念与功能

智慧变电站建立集中计量系统，通过计量采集模块从过程层交换机采集主变、各电压等级线路计量数据，同时从电能量系统采集各间隔电能表数据，将两组数据送到集中计量主机进行数据分析，对智慧变电站电能采集系统性能进行评估，对变电站计量系统异常检测及定位提供技术支撑。

智慧变电站集中计量系统由计量监控主机、网络分析采集单元、协议转换装置、计量采集模块等功能单元组成，其系统架构如图 5-34 所示。

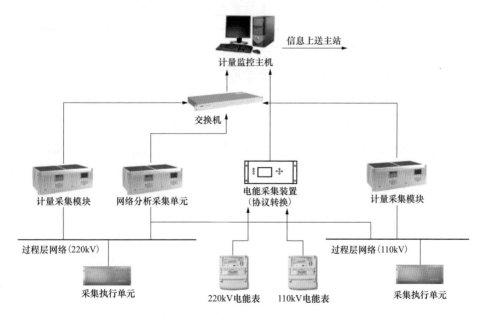

图 5-34　集中计量系统架构图

集中计量系统实现 SV 报文质量监测、电能计量状态评估及全站电量平衡分析等功能，具体功能描述见表 5-6。

表 5-6　　　　　　　　　　　集中计量系统功能描述

| 序号 | 功能 | 功能描述 |
|---|---|---|
| 1 | SV 报文传输质量监测 | SV 报文地址无效监测 |
| | | SV 序号不连续监测 |
| | | SV 数据无效监测 |
| | | SV 报文丢失监测 |
| | | SV 报文离散性异常监测 |
| | | SV 通信中断监测 |
| | | SV 报文检修状态监测 |
| | | SV 报文非同步状态监测 |
| | | 端口数据流量过大监测 |
| 2 | 电能计量状态评估 | 计量数据有效性评估 |
| | | 计量数据准确度评估 |
| 3 | 全站电量平衡分析功能 | 线路电量平衡分析 |
| | | 母线电量平衡分析 |

（二）现场配置

集中计量系统配置一台计量监控主机，主机内部各插件模块化配置，插件之间通过总线连接，并配备高速光、电网络接口，对外支持 CMS 标准通信。主机具有完善的自诊断功能，运行过程中插件工作异常时能自动发出预警信息。

集中计量系统可根据工程需求在过程层网络灵活配置计量采集模块，每个模块配置 2 个 RS485 串行接口和 2 个 RJ45 网络接口用于数据采集，可适应不同通信协议的需求，数据输出采用独立网络接口，支持 CMS 通信协议进行数据交换。

# 第三节　设备运行状态主动预警

## 一、主动预警简介

变电站设备运检策略经历事后维修、预防维修、状态检修三个阶段，逐步从被动维修向主动维修转变。主动预警利用设备全维度状态信息建立智能预警模型，结合判别规则自主预警设备运行状态，获取智慧变电站设备运行状态变化趋势及预警等级变化情况，根据设备运行状态和故障缺陷等级主动发出预警信号，为设备智能决策提供技术支撑。

主动预警自主收集变压器、组合电器、断路器等变电设备"三遥"数据、台账信息、巡视记录、在线监测、修试报告等数据，依据数据库实现设备全流程状态分析研判及综合评价，主动预警实现功能如下。

（1）数据整合：按照"应接尽接"的原则贯通各数据采集系统，获取变电站设备全量数据，根据数据类型有针对性地进行本地化存储和调用，构建设备运行状态全景数据库。

（2）模型构建：利用现行技术标准、规程、现场运维经验，总结构建单一预警模型、综合预警模型、多维度趋势预测模型，为主动预警提供技术支撑。

（3）状态预警：应用设备全维度状态信息，结合设备状态预警模型及相关性分析技术，监控状态指标变化，预测状态发展趋势，主动预警设备当前运行状态及未来缺陷。

**二、设备运行状态全景数据库**

充分整合智慧变电站设备各项运行数据，构建设备运行状态标准化全景数据库，为设备构建主动预警模型和实现主动预警技术提供数据支撑，是实现设备主动预警的前提条件。

（一）数据类型选择

设备运行状态全景数据库涵盖的信息包括 PMS 台账信息、D5000 运行数据、辅助系统数据、巡视记录、在线监测数据、检修试验记录、视频流以及缺陷数据。以主变为例，全景数据库选择的数据类型与缺陷类型如图 5-35 所示。

设备运行状态全景数据库包含字符类、图像类、文本类数据。根据数据保存格式，将获取的数据划分为结构化数据和非结构化数据。

（1）结构化数据。具有高度组织和整齐格式化，可以直接被计算机读取、使用的各类数字数据，包括 PMS 台账信息、D5000 运行数据、在线监测数据、辅助系统数据、带电检测数据等。

（2）非结构化数据。数据结构不规则或不完整，没有预定义的数据类型，包括文本、图片、报表、图像、音视频信息等，例如巡视记录、修试记录、红外图像、巡检画面等。

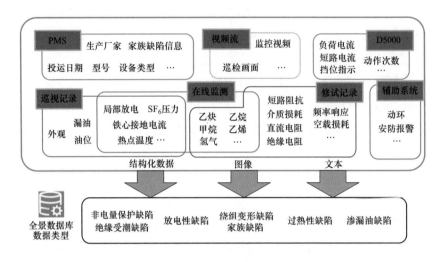

图 5-35　主变全景数据库数据类型与缺陷类型

（二）全景数据库构建

根据数据类型特点的不同，全景数据库采用适合的数据存储技术。

（1）字符类结构化数据：采用字符串、浮点数等数据类型直接导入数据库。

（2）图像类非结构化数据：将图片保存路径或链接存储到数据库，或将图片以二进制数据流的形式写入数据库字段。

（3）文本类非结构化数据：将文本保存路径或链接存储到数据库，或将文件解析并连接成字符串存入数据库。

借助关系型数据库管理系统构建的设备运行状态，全景数据库根据 1 对 $n$ 的关系建立关系模型，即数据库根目录包含 $n_1$ 个变电站数据，每个变电站包含 $n_2$ 个设备的数据，每个设备包含 $n_3$ 类参量数据，每类参量数据包含 $n_4$ 个不同时间标签的数据，并将各类数据与设备进行身份标识（identity document，ID）关联绑定。设备全景数据库关系模型如图 5-36 所示。

需要检索数据时，设备状态全景数据库通过输入关键字与设备 ID 信息检索不同变电站、不同设备、不同参量的数据，在读取数据库表格后，通过检索日期进一步查找不同时序的数据。设备全景数据库-实体联系图如图 5-37 所示。

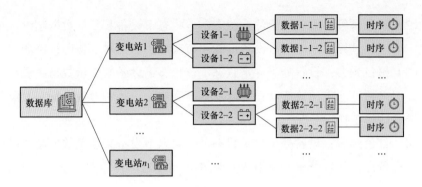

图 5-36 设备全景数据库关系模型

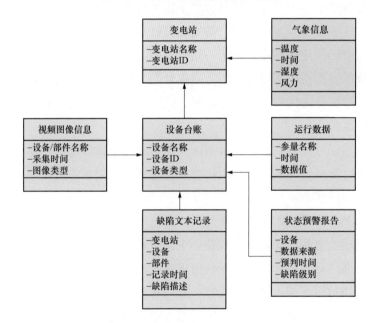

图 5-37 设备全景数据库-实体联系图

全景数据库-实体联系图由变电站台账信息、设备台账信息、运行数据、视频图像信息、缺陷文本记录、设备状态预警报告、气象信息构成，共同支撑起设备状态全景数据库。

**三、设备主动预警模型构建**

智慧变电站设备主动预警模型预警级别定义与相应措施如下。

（1）绿色预警：设备处于正常状态，该状态下设备某参量数据未超过注意预警值，对设备进行常规定期监测。

（2）黄色预警：设备处于注意状态，该状态下设备某参量数据超过注意预警值，但未超过异常预警值，设备可能存在缺陷，加强对设备运行监测。

（3）橙色预警：设备处于异常状态，该状态下设备某参量数据超过异常预警值，但未超过严重预警值，设备已发生轻度缺陷，将对设备进行实时监测，尽快准备检修工作。

（4）红色预警：设备处于严重状态，该状态下设备某参量数据超过严重预警值，设备已处于较严重的缺陷/故障状态，需要立即停运并开展检修工作。

（一）结构化数据状态预警模型

结构化数据来源于智能传感器、数字化远传表计的实时监测与上传。结构化数据具有连续性好、方便保存、易处理等特点，且能有效使用历史数据，基于聚类分析方法构建结构化数据状态预警模型。

聚类分析按照特征相似性原则将数据分类，使得数据集内部有很高的相似度，而不同数据集之间相似度较低，最大限度地实现类中对象相似度最大、类间对象相似度最小。

设备正常运行时各状态参量数据在一定范围内小幅度波动，而在异常运行或发生故障时数据波动剧烈，利用历史数据与新采集数据做对比来判断设备当前与未来的运行状态。

基于聚类分析方法的主动预警建模步骤如下。

（1）历史数据标准化：收集设备历史正常数据，完成缺失数据填补后，对数据进行标准化处理，标准化处理使用正常状态数据的均值与方差。

（2）历史数据聚类：使用聚类分析算法对多种设备标准化后的正常数据进行聚类，得到各聚类簇的中心、簇内数据与中心最远距离。

（3）状态阈值计算：结合历史故障数据计算各状态判断阈值，根据历史正常数据与标准化的缺陷数据聚类结果，计算设备处于各状态的判断阈值。

（4）运行状态区分：通过计算待识别数据与各聚类簇中心的距离，并与各聚类簇阈值进行对比，根据对比结果将设备状态划分为正常、注意、异常、严重状态。

（5）设备主动预警：计算实时监测数据的注意预警值、异常预警值、严重预警值；使用回归神经网络预测设备未来数据，根据设备未来发展趋势主动预警设备状态。

基于聚类分析的状态预警模型建模步骤如图 5-38 所示。

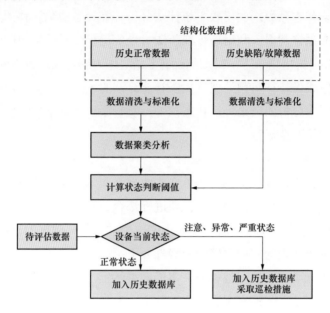

图 5-38　基于聚类分析的状态预警模型建模步骤

通过上述模型，根据结构化数据构建状态预警模型，判断设备当前状态与未来发展趋势，对设备进行相应检查或维护，达到设备主动预警的目的。

（二）图像类数据状态预警模型

图像类数据是运维人员发现设备缺陷的重要数据来源。设备图像类数据分为可见光、红外和其他图像三类：可见光图像主要包含仪表、锈蚀、渗漏油等内容；红外图像主要包含电流致热型、电压致热型设备热像图；其他图像主要包含声纹振动和局部放电图像。

基于图像类数据的主动预警建模步骤如下。

（1）图像特征分析：规范采集反映设备运行状态的红外图像、局部放电图像和仪表可见光图像；总结图像反映的变电设备运行状态及成像特征，构建用于变电设备运行状态识别的图像数据集；通过目标区域提取法对图像进行预处理。

（2）缺陷状态识别：针对变电巡检所得图像特征，通过多尺度特征融合方法优化图像识别准确率，依据全局优化算法获取性能最优的诊断模型，快速准确识别设备当前运行状态。

（3）缺陷状态预警：利用数学统计法分析各类设备缺陷转移的发展时间，构建设备状态预警判据；利用趋势判断法对设备运行状态结果和图像采集时间进行综合分析，得出设备下一时刻的运行状态，作为制定预警级别的参考标准。

通过图像成像特征与预处理，加以智能算法的应用，克服常规图像识别弊端的同时对图像分析的结果进行状态预警，及时根据设备预警级别进行主动预防，保障设备的安全运行。

（三）文本类数据状态预警模型

设备巡视及修试环节中涵盖大量文本数据。文本数据表达形式多样，故障文本偏口语化，不易获取关键词，需要进行综合关联性分析，揭示多因素影响机制，优化处理多样化数据的融合，实现文本类非结构化数据的设备状态预警。

基于文本类数据的主动预警建模步骤如下。

（1）文本预处理：针对巡检短文本的数据特征，对文本进行预处理，将原始文本输出成固定格式的文本文件；进行文本表示，将文本转化为计算机可以识别的形式，并构建训练数据集。

（2）模型训练及分类：将训练数据集输入神经网络模型，训练并优化模型性能；测试模型分类性能，根据评价指标选择适合构建设备预警模型的文本分类器；得到不同缺陷级别的分类模型，并输出状态预测结果。

（3）预测缺陷等级：利用文本分类模型得到文本初始状态矩阵，通过关联规则分析得到状态转移矩阵，根据马尔科夫链获取零初始状态矩阵和状态转移概率矩阵的关系，对设备的缺陷级别做出预测，实现设备运行状态主动预警。

以此根据电力设备巡视记录、修试记录等文本数据，实现对设备缺陷等级、缺陷转移等问题的综合预测，为文本数据在设备主动预警中的应用提供有力支撑。

四、多模态信息融合综合预警模型

设备运行状态通过"三遥"数据、在线监测、辅助系统数据以及图像、文本等多种模态数据分析得到。单一模态数据不能多维度、全方位表征设备运行状态；综合结构化数据、图像、文本等不同模态数据，构建多模态信息融合的综合预警模型，可有效提高设备运行状态的预警效率和质量。

多模态信息融合综合预警模型建模步骤如图 5-39 所示。

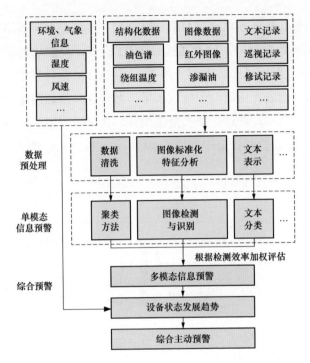

图 5-39　多模态信息融合综合预警模型建模步骤

（1）多模态信息预处理：将数据集分类，获得不同模态数据（数字、图像、文本信息），使用相应方法进行数据预处理并提取数据特征。

（2）单模态信息预警：使用相应预警模型预测不同模态下的设备运行状态，并根据设备风险及检修成本计算风险量化值；根据检测手段发现缺陷的效率，分配各模态数据的权重。

（3）综合主动预警：根据各模态诊断结果风险量化值及权重，加权计算当前综合风险值并预警设备状态；结合单模态预警结果以及气象、环境等信息，综合分析设备运行状态发展趋势，综合多种模态主动预警设备未来状态与缺陷类型。

综合多种单模态预警模型结果以及环境、气象信息，建立多模态信息融合设备状态综合预警模型，表征设备多维度状态，有效结合全景数据库多元数据综合分析设备状态并进行主动预警。

## 五、应用案例

下面以某地变电站主变为例，判断设备运行状态，主动预警变压器未来运行状态发展趋势，验证多模态信息融合综合预警模型的应用效果。

（1）多模态数据收集：依次通过设备 ID 检索、关键状态量查询、时间范围选择，由全景数据库导出该主变当年 3～6 月在线油色谱数据、红外测温图像、巡视记录；从中提取变压器油中氢气含量、套管红外测温图像、吸湿器潮解记录作为重点关注信息，并进行缺失数据填补、错误数据剔除等预处理工作，得到主变 3～6 月状态量变化曲线如图 5-40 所示，主变 3 月套管红外测温图像如图 5-41 所示。

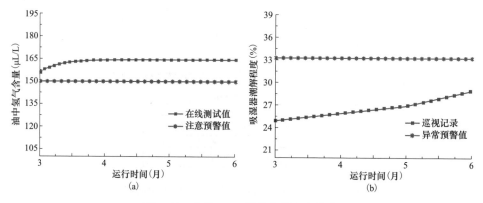

图 5-40　主变 3～6 月状态量变化曲线

（a）油中氢气含量数据；（b）吸湿器潮解程度数据

图 5-41　主变 3 月套管红外测温图像

（2）风险量化值确定：考虑变压器在不同状态下运行风险及检修成本差异，依据《电网检修工程预算编制与计算标准》与风险损失统计数据确定变压器在带电检测以及停电试验中相应的风险量化值，得到正常状态（绿色预警）、注意状态（黄色预警）、异常状态（橙色预警）、严重状态（红色预警）的风险量化值分别为 0、1、10、40。

（3）各模态权重确定：统计发现缺陷情况的效率，巡视检出效率为 26.4 次/万 h，带电检测检出效率为 7.2 次/万 h，停电试验检出效率为 0.694 次/万 h；通过归一化得到在线油色谱、红外图像、巡视记录的权重分别为 0.12、0.44、0.44。

（4）综合风险值确定：各级别风险值为非线性变化，当综合风险值远超过某一级别风险值时，认为该设备需要进行下一级别的预警；当综合风险值超过 0.5 属于黄色预警，超过 2.0 属于橙色预警，超过 20.0 属于红色预警。

（一）多模态信息预警

依据信息类型依次对结构化数据、图像类数据、文本类数据进行单模态预警评价，根据主变缺陷评判标准，得到单模态预警评价结果及其预警级别。由风险量化值与相应权重乘积之和得出设备当前综合风险值，进行多模态信息主动预警。多模态信息主动预警结果见表 5-7，该主变综合风险值为 4.96，多模态信息主动预警级别为橙色预警，设备当前处于异常状态。

表 5-7　　　　　　　　　　　多模态信息主动预警结果

| 序号 | 参量名称 | 变压器油中氢气含量 | 套管红外测温图像 | 吸湿器潮解记录 |
|---|---|---|---|---|
| 1 | 单模态数据预警模型评价结果 | 氢气超过注意预警值 | 套管将军帽发热严重 | 吸湿器潮解硅胶已达 25% |
| 2 | 预警级别 | 黄色预警 | 橙色预警 | 黄色预警 |
| 3 | 风险量化值 | 1 | 10 | 1 |
| 4 | 检测方法权重 | 0.12 | 0.44 | 0.44 |
| 5 | 综合风险值 | 4.96，橙色预警 | | |
| 6 | 综合缺陷类型 | 套管将军帽过热缺陷 | | |

设备多模态信息主动预警模型分别通过结构化数据、图像、文本信息对主变 3 月运行状态进行评估。由预警结果可知，油中氢气含量超过注意预警值，变压器油存在进水受潮的可能性；由套管红外图像识别得到将军帽发热严重，疑似负荷过大或将军帽接触不良；吸湿器硅胶潮解程度已达 25%，注意加强巡视，准备更换硅胶。

主变依据单模态信息预警级别风险量化值与检测方法权重得出多模态信息综合预警结果为橙色预警，套管将军帽过热缺陷，需要实时预测在线监测参量数据，加强红外跟踪，尽快停运并安排检修。比对主变3月运行情况，综合预警结果符合主变实际运行状态，多模态信息融合综合预警模型更全面地分析设备缺陷情况，验证其有效性。

（二）设备状态发展趋势

依据主变3~6月运行状态数据，对该设备7月运行状态进行发展趋势主动预警分析，变压器7月运行状态预警结果见表5-8。

表 5-8                              变压器 7 月运行状态预警结果

| 序号 | 检测时间 | 3 月 | 4 月 | 5 月 | 6 月 | 预测 7 月 |
|---|---|---|---|---|---|---|
| 1 | 吸湿器潮解程度（%）（结合湿度数据） | 25 | 26 | 27 | 29 | 35 |
| 2 | 预警级别（结合湿度数据） | 黄色预警 | 黄色预警 | 黄色预警 | 黄色预警 | 橙色预警 |
| 3 | 吸湿器潮解程度（%）（不结合湿度数据） | 25 | 26 | 27 | 29 | 31 |
| 4 | 预警级别（不结合湿度数据） | 黄色预警 | 黄色预警 | 黄色预警 | 黄色预警 | 黄色预警 |
| 5 | 月平均相对湿度（%） | 63 | 73 | 73 | 81 | — |
| 6 | 变压器油中氢气含量（μL/L） | 156.5 | 164.5 | 164.8 | 164.9 | 165.0 |
| 7 | 预警级别 | 黄色预警 | 黄色预警 | 黄色预警 | 黄色预警 | 黄色预警 |
| 8 | 套管热点温度（℃） | 59.7 | 39.3 | 41.7 | 44.9 | 51.2 |
| 9 | 预警级别 | 橙色预警 | 绿色预警停电消缺 | 绿色预警 | 绿色预警 | 绿色预警 |

根据状态发展趋势预警结果，变压器油中氢气含量始终高于注意预警值，但氢气产气增量几乎为零，预测7月仍为黄色预警状态；套管将军帽过热缺陷在4月停电消缺后已处于绿色预警状态，预测7月套管热点温度随气温攀升。结合湿度数据预测得到的吸湿器潮解程度为35%，预警结果为橙色异常状态，吸湿器硅胶潮解超过1/3，按照相关规程须对吸湿器进行维护、更换硅胶；不结合湿度数据的吸湿器硅胶潮解程度预测结果为31%，预警结果为黄色注意状

态，未发生缺陷。设备状态发展趋势主动预警结果受气象等信息影响，可待7月与主变现场运行状态进行比对。

（三）综合主动预警结果

进一步确定主变7月运行状态综合主动预警结果，不结合湿度预测和结合湿度预测的主变综合主动预警结果分别见表5-9和表5-10。

表5-9　　　　　　　　　不结合湿度预测的变压器综合主动预警结果

| 序号 | 参量名称 | 变压器油中氢气含量 | 套管红外测温图像 | 吸湿器潮解记录（不结合湿度数据） |
|---|---|---|---|---|
| 1 | 单模态数据预警模型评价结果 | 氢气超过注意预警值 | 套管热点温度正常 | 吸湿器潮解硅胶已达31% |
| 2 | 预警未来级别 | 黄色预警 | 绿色预警 | 黄色预警 |
| 3 | 风险量化值 | 1 | 0 | 1 |
| 4 | 检测方法权重 | 0.12 | 0.44 | 0.44 |
| 5 | 综合风险值 | 0.56，黄色预警 | | |
| 6 | 综合缺陷类型 | 未发生缺陷 | | |

表5-10　　　　　　　　结合湿度预测的变压器综合主动预警结果

| 序号 | 参量名称 | 变压器油中氢气含量 | 套管红外测温图像 | 吸湿器潮解记录（结合湿度数据） |
|---|---|---|---|---|
| 1 | 单模态数据预警模型评价结果 | 氢气超过注意预警值 | 套管热点温度正常 | 吸湿器潮解硅胶已达35% |
| 2 | 预警未来级别 | 黄色预警 | 绿色预警 | 橙色预警 |
| 3 | 风险量化值 | 1 | 0 | 10 |
| 4 | 检测方法权重 | 0.12 | 0.44 | 0.44 |
| 5 | 综合风险值 | 4.52，橙色预警 | | |
| 6 | 综合缺陷类型 | 吸湿器受潮缺陷 | | |

综合主动预警结果显示，不结合湿度预测的综合预警结果为黄色预警，未发生缺陷；结合湿度预测的综合预警结果为橙色预警，吸湿器存在受潮缺陷，需要更换硅胶。7月中旬对该变压器巡视过程中发现，吸湿器由于密封不良导致硅胶大面积变色，变色比例超过1/3，且潮解程度严重；油色谱数据的油中氢气含量未发生较大波动，继续处于注意状态；套管热点温度处于正常范围内。

主变 7 月综合主动预警结果符合现场实际运行情况。

实例证明，多模态信息融合综合预警模型综合利用多模态数据准确评估设备运行状态，有效预警设备未来发展趋势，考虑环境、气象因素有助于进一步提升综合主动预警结果精确度。

# 第四节 设备运检智能决策

## 一、智能决策简介

变电站设备规模急剧增加，运检工作量逐年大幅提升，亟须利用现代信息技术深度挖掘数据价值，同步提高运检质效。智能决策收集智慧变电站设备故障前后运行状态、保护动作、开关变位等故障信息，建立异常判断和故障处理规则库，为设备故障诊断和决策精准提供历史案例参照，辅助运检人员快速查找故障原因、定位故障区域、制定解决方案，提升故障分析准确性和效率。

智能决策自主挖掘变压器、组合电器、断路器等变电设备故障现象及处理方案，包括数据优化、规则维护、应急决策等全流程故障研判和辅助决策功能，实现对变电运检人员故障处理的全面支撑，智能决策实现功能如下。

（1）数据优化：筛选表征故障发展发生过程的关键信息，应用数据标准化、异常值筛查等手段实现故障案例的数据优化，并将优化后的数据进行本地化存储。

（2）规则维护：根据现行技术标准、管理规定、现场运检经验，根据逻辑关系构建异常判断规则库和应急处理规则库，根据故障研判和应急处理效果对规则库不断修正。

（3）应急决策：依据设备各类故障特征信息，判别设备故障原因，依据应急处理规则库推送典型故障应急处理参考方案，辅助作业人员进行故障应急处理工作。

## 二、设备异常智能研判

### （一）异常判断规则库构建

电力设备异常状态判断根据设备反馈状态量得到状态判断结果，符合因果逻辑关系。以断路器单一状态量变化异常为例，异常状态判断规则见表 5-11。

表 5-11                断路器单一状态量异常状态判断规则

| 序号 | 状态量 | 判断规则 | 判断结果 |
|---|---|---|---|
| 1 | 热点温度 | 高于 110℃ | 严重过热缺陷 |
| 2 | $SF_6$ 气体密度 | 低于额定报警值 | 密封缺陷 |
| 3 | 紫外放电 | 外绝缘放电 | 绝缘缺陷 |
| 4 | 液压机构压力 | 压力节点动作 | 机构储能异常 |
| 5 | 分闸时间 | 超过规定值 | 机械特性异常 |

设备异常状态判断不仅取决于单一状态量，还应考虑多状态量综合判断规则，即单一状态量不满足条件时，结合关联状态量进行状态判断。例如断路器热点温度低于 110℃、高于 80℃，结合相对温差作为辅助判据，当相对温差大于 95%，仍属于严重过热缺陷。整理设备典型异常运行状态，根据逻辑关系构建设备异常状态知识库。

采用产生式的规则表达方式将设备异常状态知识表示为符合计算机应用要求的数据结构，基本形式为 P→Q 或 If P Then Q，当设备满足 P 指示的条件时，对设备得出 Q 的结论。以 $SF_6$ 断路器气压低闭锁为例，将电气业务知识表示为产生式，断路器综合事件判断规则见表 5-12。

表 5-12                断路器综合事件判断规则

| 序号 | 设备名称 | 关联信号 | 判断结果 |
|---|---|---|---|
| 1 | 断路器 | 断路器 $SF_6$ 气压低报警 | 断路器 $SF_6$ 气压低闭锁分合闸 |
| | | 断路器 $SF_6$ 气压低闭锁 | |
| | | 断路器控制回路断线 | |
| | | 液压机构分合闸总闭锁 | |

表 5-12 表示的电气业务知识含义为：当"断路器 $SF_6$ 气压低报警""断路器 $SF_6$ 气压低闭锁""断路器控制回路断线""液压机构分合闸总闭锁"信号同时出现时，判断设备当前状态为"断路器 $SF_6$ 气压低闭锁分合闸"。

将判断规则进行如下形式化。

a1：断路器 $SF_6$ 气压低报警。

a2：断路器 $SF_6$ 气压低闭锁。

a3：断路器控制回路断线。

a4：液压机构分合闸总闭锁。

b：断路器 $SF_6$ 气压低闭锁分合闸。

则断路器 $SF_6$ 气压低闭锁分合闸的因果逻辑为：（a1∧a2∧a3∧a4）→ b。

该规则对应的产生式表示为： If a1 and a2 and a3 and a4，Then b。

产生式基于模糊理论映射得到模糊 Petri 网。模糊 Petri 网是一种适合描述异步并发现象的计算机系统模型，具有知识表达、逻辑推理的能力，利用模糊函数推理出设备异常事件。根据设备异常运行状态判断规则，使用模糊 Petri 网建立产生式并进行业务知识推理，实现设备异常判断规则库的构建。

（二）故障智能研判

设备故障智能研判对故障设备、故障位置、故障类型、故障原因等进行智能分析与判断，并预测故障进一步发展的可能后果和影响范围。设备故障智能研判包括以下步骤，其流程如图 5-42 所示。

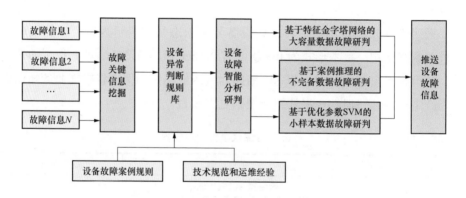

图 5-42　设备故障智能研判流程图

（1）信息挖掘：对各类一、二次设备和辅助设备的各种典型故障案例和异常数据进行全面梳理，深度挖掘故障关键信息。

（2）规则库构建：基于大数据技术制定设备异常判断规则，结合技术规范和运维经验，建立并优化设备异常判断规则库。

（3）故障研判：针对不同数据样本类型，采用相匹配的计算方法，实现对故障设备、故障位置、故障类型、故障原因的智能研判。

（4）信息推送：根据故障严重程度，确定故障信息推送人员的范围，通过变电信息综合处理系统，向相关人员推送设备故障信息。

### 三、故障处理智能决策

（一）故障处理规则库构建

故障处理规则库是实现故障处理智能决策的重要前提，通过对典型故障案例处理过程进行数据挖掘，获取故障典型信号及处理关键举措，结合现场处理经验分析不同接线方式和运行方式的故障处理逻辑，编写典型故障处理纲要，构建设备故障处理规则库。下面以变压器为例，建立变压器本体保护动作处理规则库。

1. 故障典型信号

分析变压器本体保护动作故障案例，为建立故障信号与故障类型的关联逻辑，收集设备同类型故障典型信号。变压器本体保护动作典型信号见表 5-13。

表 5-13　　　　　　　　　　变压本体保护动作典型信号

| 序号 | 信号类别 | 信号来源 | 信号名称 |
|---|---|---|---|
| 1 | 遥信 | 保护装置 | 重瓦斯保护动作 |
| 2 | 遥信 | 保护装置 | 差动保护动作 |
| 3 | 遥信 | 保护装置 | 差动速断保护动作 |
| 4 | 遥测 | 测控装置 | 各侧电流为零 |
| 5 | 遥测 | 测控装置 | 各侧功率为零 |

2. 故障判断逻辑

建立故障典型信号与故障判断因果逻辑，变压器本体保护动作的判断条件为：监控系统发出重瓦斯保护动作、差动保护动作、差动速断保护动作信号，保护装置发出重瓦斯保护动作、差动保护动作、差动速断保护动作信号，满足任一信号且监控界面同时显示主变各侧断路器跳闸，各侧电流、功率显示为零，则确认变压器本体保护动作。

图 5-43 以逻辑门电路图的形式表述变压器本体保护动作判断逻辑。

3. 故障处理规则

结合现场处理经验分析不同接线方式和运行方式下故障处理的关键举措，依据紧急程度编写典型故障处理纲要，构建设备故障处理规则库。变压器本体保护动作处理规则见表 5-14。

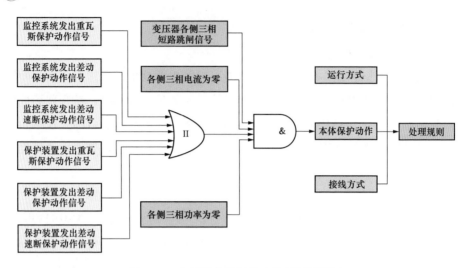

图 5-43    变压器本体保护动作判断逻辑图

**表 5-14**                    **变压器本体保护动作处理规则**

| 序号 | 紧急程度 | 处理规则 |
|------|----------|----------|
| 1 | 红色 | （1）现场检查变压器喷漏油情况，检查气体继电器内部气体积聚情况，检查变压器本体油温、油位变化情况。<br>（2）确认变压器各侧断路器跳闸后，立即停运强迫油循环风冷变压器的潜油泵 |
| 2 | 橙色 | （1）检查核对变压器保护动作信息，同时检查其他设备保护动作信号，一、二次回路，直流电源系统和站用电系统运行情况。<br>（2）检查故障发生时现场检修作业情况，核对引起保护动作的可能因素。<br>（3）综合变压器各部位检查结果和继电保护装置动作信息，分析确认故障设备，快速隔离故障设备 |
| 3 | 黄色 | （1）记录保护动作时间及一、二次设备检查结果并汇报。<br>（2）确认故障设备后，提前布置检修试验工作安全措施。<br>（3）确认保护范围内无故障，则查明保护误动情况及原因 |

（二）故障处理规则匹配

设备故障处理规则匹配的原则是故障信息与异常判断规则库某规则所有条件逐一对应，根据收到故障信息的顺序进行匹配，直至成功匹配异常判断规则库一条或多条故障。具体匹配流程如下。

当设备发生故障产生 $n$ 条故障信息时，根据第一条故障信息匹配出 $m$ 条可能发生的故障，余下 $n-1$ 条故障信息在已匹配的 $m$ 条可能发生的故障里，最终推出 $k$ 条故障，形成故障集。当第一条故障信息没有在规则库匹配出相应故障,则加入临时故障列表的末尾,并将余下 $n-1$ 条故障信息重新执行上述流程,直到所有故障流程都执行结束。

当所有故障信息都完成匹配流程,即得出以下三种情况:

（1）未成功匹配判断规则,判断结果为没有故障或异常规则库未包含此类故障情况,对临时故障列表的故障信息进行人工决策。

（2）成功匹配一条判断规则,判断结果为设备有单一故障,推出故障名称。

（3）成功匹配多条判断规则,判断结果为单一设备的多种故障组合,或不同设备间的故障组合。

将匹配形成故障集的故障类别导入设备故障处理规则库,自动生成并导出故障处理规则与决策,并无时延地发送至设备运检人员。

（三）故障智能决策

设备故障处理智能决策,实现设备发生故障时快速、准确匹配故障处理措施,并推送决策结果,辅助运检人员采取正确措施,提升应急运检效率,以免扩大故障范围。设备故障智能决策流程如图 5-44 所示。

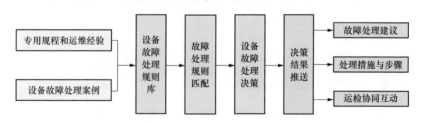

图 5-44　设备故障智能决策流程图

（1）处理规则库构建:对故障案例的故障处理过程进行数据挖掘,提取故障处理规则,构建不同接线方式和运行方式下的故障处理规则库。

（2）规则库数据优化:全面收集与故障处理相关的专用规程,总结运维经验,对现有故障处理流程进行数据化,优化故障处理规则库。

（3）故障处理规则匹配:根据故障信息匹配故障处理规则,自动生成故障处理措施和步骤,对设备故障处理做出决策。

（4）决策结果推送:即时推送故障处理决策结果,实现运维、检修、试验等全专业统筹安排。

### 四、故障关键信息自主筛选

设备故障关键信息自主筛选通过分析故障发生发展过程，结合主辅设备监控系统报警规则，挖掘故障波及范围以及对各状态量的影响，建立故障关键信息筛选规则，提取设备故障关键信息。可以避免发生故障时，多源故障信息集中上报，数据量大、重复性高，不利于运维人员快速判断和定位故障原因。设备故障关键信息自主筛选流程如图 5-45 所示。

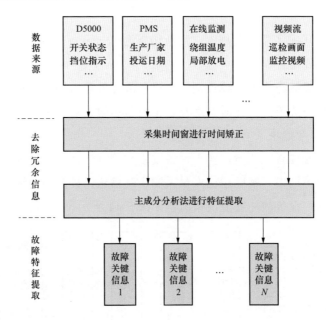

图 5-45　设备故障关键信息自主筛选流程图

设备故障关键信息源自主设备、保护装置、在线监测设备、辅助设备等，提取全量故障信息；利用时间窗方法，通过采集时间窗进行时间矫正去除冗余信息；使用主成分分析法提取故障信息特征以降低数据维度，从而筛选故障关键信息。

# 第六章 辅助设备监控系统

常规变电站仅安防、消防等系统总报警信号接入调度监控系统，各子系统独立设计，日常巡视巡视时间长，并且部分辅助设备操作、报警信息确认仍需人员到站处理，效率低。

智慧变电站辅助设备监控系统接入站端动环、消防、安防等各子系统数据，统一系统架构设计，取消各子系统独立主机，精简系统层级，实现对辅助设备的统一管理。

## 第一节 动环监控系统

### 一、系统概述

常规变电站温湿度、水浸、$SF_6$ 监测、微气象和空调通风等子系统均独立设置，不具备集中监控条件，无法实现系统间的联动。智慧变电站动环监控系统采用标准化通信接口建立各传感器统一的监控平台，实现各装置集中监控，子系统间智能联动。

动环监控系统集合了环境监测和动力控制两大功能，支持变电站环境参数监测和设备智能控制（水泵、风机、空调等），能够调节变电站设备运行环境。子系统按照实用有效原则，选用各种设备状态传感器，对传感器的测量值、传感器的运行状态参数、传感器的告警信息等进行实时监测和采集，实现变电站动环数据的全面感知。

### 二、系统架构

变电站动环监控系统由服务网关机、综合应用主机、动环监控终端、微气象传感器、温湿度传感器、水位传感器、$SF_6$（$O_2$ 含量）传感器、水浸传感器、漏水探测器、空调控制器、照明控制器、风机控制箱、水泵控制箱、除湿机控制箱等有线传感器以及风速风向、水位水浸、温湿度等各类无线传感器等组成，具备环境数据采集、设备远程控制、告警上传等功能。变电站动环监控系统拓扑架构如图 6-1 所示。

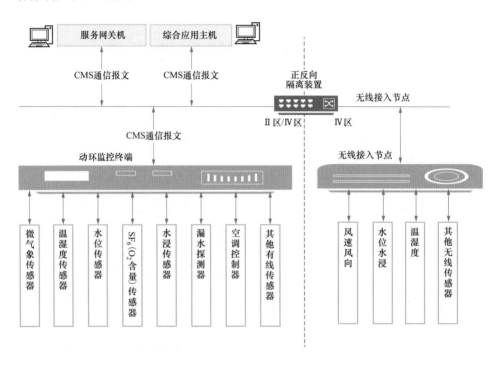

图 6-1　变电站动环监控系统拓扑架构图

动环监控系统通过对微气象、温湿度、水位、$SF_6$（$O_2$ 含量）、水浸、漏水等各类环境监测数据进行全面感知，同时对空调、风机、水泵、除湿机等设备远程控制，实现对系统内全部设备的"四遥"功能。

（1）遥测、遥信量采集：动环监控系统对各种环境监控参数进行采集，系统对各个传感器、控制器的开关量位置信号、自动调节装置的运行状态信号等进行采集。

（2）远程遥控、遥调：通过控制平台，可以随时对设备室的空调、风机、除湿机等设备进行启动、停止控制。监控系统通过远程调节，对空调运行温度、空调运行模式、通风系统运行模式、水泵排水挡位等进行调节。

### 三、系统组成模块

系统各模块依据功能主要分为环境感知模块和动作执行装置两类，其中微气象传感器等各类传感器属于环境感知模块，感知模块根据数据通信方式可以分为有线和无线两类；水泵、空调等动力控制装置属于动作执行装置。同时系统各模块具备对外 RS485 通信接口，采用标准 Modbus 协议传送数据。动环监控系统组成如图 6-2 所示。

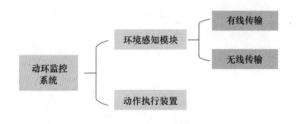

图 6-2　动环监控系统组成

（一）环境感知模块

1. 动环监控终端

动环监控终端具备微气象、温湿度、SF$_6$（O$_2$ 含量）、水浸、漏水、水位等传感器采集功能以及空调、风机、水泵、除湿机等设备控制功能；同时监视各类传感器运行状态，支持系统设备模型文件的生成、更新与上传；在设备故障、失电时能够通过硬触点方式上传告警信号。

2. 微气象传感器

微气象信息收集的原理是利用电容式传感器测量相对湿度，并运用雷达感知技术获得降雨量等信息。微气象传感器采用一体化设计，采集室外温度、湿度、风速、风向、气压、雨量数据信息。微气象传感器如图 6-3 所示。

3. 温湿度传感器

保护室、开关室等室内的温湿度传感器对温湿度等环境参量进行采集控制，不仅可以防止静电、浮尘等影响，还能够减缓设备绝缘老化。

图 6-3　微气象传感器

4. 水位传感器

水位传感器安装在水箱、消防水池等位置，通常是将水位的高度转化为电信号的形式进行输出。水位传感器如图 6-4 所示。

图 6-4　水位传感器

### 5. SF₆（O₂含量）传感器

SF$_6$气体广泛应用于 GIS、GIL、断路器等设备中。纯净的 SF$_6$虽然无毒，但是电力设备内的 SF$_6$气体在电弧作用下会产生有毒分解物。因此，运检人员在进入各电压等级的 GIS 室等室内空间时需要提前通风并查看 SF$_6$含量。SF$_6$（O₂含量）传感器实时采集 SF$_6$浓度、O$_2$浓度、温湿度信息并接入动环监控系统。

### 6. 水浸传感器

水浸传感器的原理是利用传感元件浸水后阻抗值（电导）的变化，将其转化为标准电压信号，判断是否浸水。水浸探测器一般安装于变电站电缆沟、排水系统和地势低点等位置，监测是否排水不畅。无线水浸传感器如图 6-5 所示。

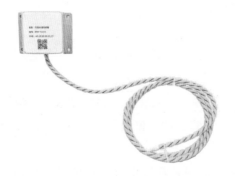

图 6-5　无线水浸传感器

（二）动作执行装置

智慧变电站动环监控系统获取变电站环境信息后，根据外界气候条件、SF$_6$浓度、空气质量、水情等信息，控制空调、除湿机、风机、水泵等装置进行对应的温湿度调节、排气、排水等。

### 1. 空调设备

动环监控系统对空调的运行状况进行全面诊断，监控空调各部件（如压缩机、风机、加热器、加湿器、去湿器、滤网等）的运行状态与参数，通过系统管理功能远程调控空调参数（温度、湿度等）。

2. 风机设备/新风系统

风机或新风系统具备与温湿度、烟雾告警和 $SF_6$ 气体含量的联动功能，可以通过动环监控系统实现自定义联动。

3. 除湿机

除湿机控制器采集除湿机运行状态、控制回路状态、远程/就地状态等。除湿机控制器接收动环监控终端控制信号启动/停止除湿，当空气湿度高于临界值时自动启动除湿，空气湿度恢复正常后停止除湿。

4. 水泵设备/排水设备

水泵设备具备和水浸监控告警的联动控制功能。水泵设备可以接收动环监控终端控制信号启动/停止水泵，当水位高于警告水位时自动启动水泵，水位恢复正常后停止水泵。

**四、系统功能**

动环监控系统主要包括采集接入功能、人工控制功能及联动功能等。

（一）采集接入功能

动环监控系统能够接入各类传感器测量值，监视各类设备、传感器运行状态和告警信息，系统采集接入的信息主要包括以下几类。

（1）传感器测量值：包括温度、湿度、水位、风速、风向、雨量等。

（2）设备运行状态：包括风机、水泵、除湿机、空调启动/停止运行状态，照明、$SF_6$ 监测控制器等设备的运行状态。

（3）各类传感器运行状态：包括温湿度传感器、水位传感器、水浸传感器、风速传感器、风向传感器、雨量传感器等。

（4）传感器告警信息：包括温度告警、湿度告警、水浸告警、水位告警等。

（二）人工控制功能

为满足变电站工作人员的人工控制需求，对于空调、风机、水泵、除湿机、灯具等装置设置了就地和远程手动控制功能，控制内容包含启动/停止、检修挂牌等，控制方式可根据需要按区域组合配置。

（三）联动功能

动环监控系统具备智能联动控制功能，见表6-1。在变电站 $SF_6$ 浓度、$O_2$ 浓度越限时，联动打开风机；环境温度越限时，联动打开风机、空调；水位越限时，联动打开水泵排水；环境湿度越限时，联动打开空调、除湿机、风机；安防系统入侵报警时，联动打开报警防区对应回路灯光照明；消防系统火灾报警时，联动开启现场灯光照明、门禁，停止现场空调、风机。

表 6-1　　　　　　　　　　动环监控系统联动控制功能

| 序号 | 信息类型 | 联动内容 |
|---|---|---|
| 1 | $SF_6$ 浓度越限 | 风机自动启停 |
| 2 | 水位越限 | 水泵自动启停 |
| 3 | $O_2$ 浓度越限 | 风机自动启停 |
| 4 | 环境温度越限 | 风机、空调自动启停 |
| 5 | 环境湿度越限 | 空调、除湿机、风机自动启停 |
| 6 | 安防系统入侵报警 | 自动控制打开报警防区对应回路灯光照明 |
| 7 | 消防系统火灾报警 | 自动控制开启现场灯光照明、门禁；自动控制停止现场空调、风机 |

# 第二节　消防监控系统

## 一、系统概述

变电站消防监控系统实时监视变电站火灾告警、消防设备等运行信息，实现消防设备远程或自动控制，及时处置火灾。常规消防监控系统相对独立，不能自动获取变电站视频监控、主设备监控等其他系统的信息，给火灾处置带来不便。

智慧变电站消防监控系统增加了与视频监控、主设备监控的联动。在火灾发生时，能够调取已绑定点位的视频画面，更加直观、快速地确认警情，并且可获取变电站一、二次设备的工作状态，作为变电站消防灭火系统的启动条件。

## 二、系统架构

智慧变电站消防监控系统主要包括服务网关机、综合应用主机、消防信息传输控制单元、火灾自动报警系统、固定灭火系统、其他受控消防设备、消防水池液位变送器、消防管网压力变送器、消防电源电压变送器等设备，实现站内火灾报警信息的采集、传输和灭火控制。消防监控系统架构如图 6-6 所示。

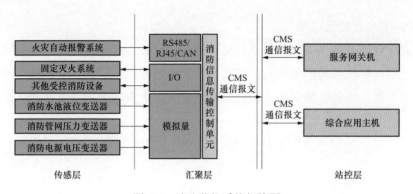

图 6-6　消防监控系统架构图

### 三、系统功能

消防监控系统主要包括基础功能、联动功能及应急处置功能等。

（一）基础功能

（1）接收信息功能：接收火灾早期预警信息、火灾报警信息、模拟量采集信息、现场消防设施的状态信息及装置启动信息。

（2）自检功能：能够对设备通信回路、探测器、传输单元进行自检。

（3）协议转换功能：将实时参量及告警信息通过 CMS 通信报文协议传输至集控站。

（二）联动功能

消防监控系统在火灾报警后，能够获取报警设备区域内的设备断电信号、固定灭火装置运行参数、辅助设备中的动力环境数据（温度、湿度、风速、风向等），联动视频弹窗显示报警区域实时画面，并且推送火灾应急预案。消防监控系统联动功能如图 6-7 所示。

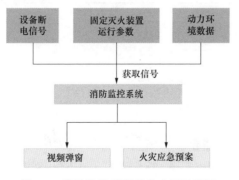

图 6-7　消防监控系统联动功能示意图

（三）应急处置功能

消防设施具备火灾应急处置功能，可通过软件指令方式应急启动固定灭火系统。通过授权人员的生物特征或密码认证，远程应急启动，具备自动弹出消防报警界面、当前报警源相关图像及对应设备的火灾应急处置预案。

# 第三节 安防监控系统

## 一、系统概述

随着变电站数字化、智能化等技术在电网中的广泛应用，变电站安防技术有了跨越式发展。变电站安防辅助系统种类繁多，技术迭代升级过程中，门禁、电子围栏等配置缺乏统一规范，各装置之间相互独立，不仅运行成本高，且无法集中管控。

智慧变电站安防监控系统支持门禁控制、周界防入侵数据接入等，实现门禁、电子围栏、视频监控、双鉴探测器等主要设备信息量的采集、处理、控制、异常告警及智能联动等功能。

## 二、系统架构

作为变电站辅助设备监控系统的子系统，变电站安防监控系统由服务网关机、综合应用主机、入口控制（门禁）设备、入侵探测装置、紧急报警装置、防盗报警控制器、安防监控终端等构成。安防网络拓扑图如图 6-8 所示。

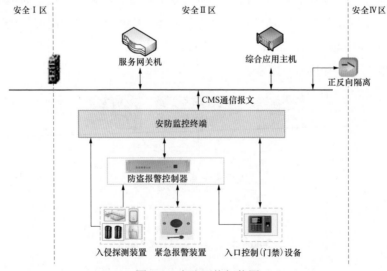

图 6-8　安防网络拓扑图

变电站安防监控终端接入防盗报警控制器、入侵探测装置、入口控制（门禁）设备数据并进行分析，将安防信息上传至辅助设备监控系统，由辅助设备监控系统进行告警显示。

**三、系统功能**

安防监控系统主要包括基础功能、联动功能和管理功能。

（一）基础功能

（1）支持门禁、防入侵设备的告警信息、运行数据、工况信息、历史记录等数据采集、监视等功能。

（2）实现门禁设备的远程配置、授权以及远程开门，支持门禁设备的故障告警远程确认和复位；采用多种开门控制策略，如刷卡开门、密码开门、卡+密码开门等；可以实现远程呼叫控制、音视频通话等功能。

（3）具备防入侵设备告警信息确认、远程联动配置，支持系统远程布防、撤防操作和设备远程复位，支持告警的分级、分类管理和上传；同时，告警信息具备时标，精确到秒级，支持告警的人工抑制功能；考虑到运行稳定性，系统还具备探测器通信回路自检功能。

（二）联动功能

1. 支持门禁设备与其他设备的联动控制

（1）与防盗报警主机的联动控制：门禁动作时，能够向防盗报警主机发送布、撤防信号。

（2）与视频设备的联动控制：门禁动作时，能够向视频系统发送视频预置位信号。

（3）与灯光设备的联动控制：门禁动作时，能够向动环监控系统发送开灯信号。

（4）与消防系统的联动控制：发生火警时，能够接收到消防系统发送的信号，并执行门禁动作。

2. 支持防入侵设备与其他设备的联动控制

（1）与视频设备的联动控制：安防监控系统报警时，能够向视频系统发送视频预置位信号。

（2）与门禁设备的联动控制：门禁控制系统发现人员闯入时，能够联动安防报警装置报警。

（3）与灯光设备的联动控制：安防监控系统报警时，能够向动环监控系统发送开灯信号。

（三）管理功能

安防监控系统的管理功能包含对时功能、参数设定、权限管理、配置管理和数据接入管理。

（1）系统对时功能的时钟源取自统一的时间同步装置，服务器、终端采用简单网络时间协议对时方式。

（2）系统参数设定功能能够对告警定值和其他通用参数进行设置。

（3）系统权限管理功能具备门禁用户分级管理、权限配置管理，授权方式包括监控终端统一授权、门禁控制器处刷卡申请远方授权两种方式。

（4）系统配置管理包括门禁、防入侵设备的接入管理，门禁、防入侵设备配置参数管理，告警配置、联动关系配置、数据采集周期设置等。

（5）数据接入管理包含对门禁，防入侵告警等信息接入进行配置。

**四、配置方案**

智慧变电站各类安防装置应依据安全防护要求配置，变电站各出入口、设备室应选择性配置门禁设备；变电站大门入口、四周围墙及重点室内区域应选择配置防入侵设备。变电站安防监控系统主要设备配置方案可按表 6-2 选择。

表 6-2　　　　　　　变电站安防监控系统主要设备配置方案

| 序号 | 配置项目 | 防范区域 |
|---|---|---|
| 1 | 防盗报警控制器 | 二次设备室 |
| 2 | 入侵探测装置 | 周界围墙、栅栏 |
| 3 | | 二次设备室、安全工器具室、通信机房、高压开关室等重要出入口 |
| 4 | 紧急报警装置 | 重要出入口、门卫室 |
| 5 | 声光报警装置 | 室内 |
| 6 | 出入口控制装置 | 二次设备室、安全工器具室、通信机房、高压开关室等重要出入口 |

# 第七章 一 键 顺 控

近年来随着数字化技术及控制技术高速发展，产生了一种新型的变电站倒闸操作模式——一键顺控操作，操作一次即可完成所有倒闸操作步骤。倒闸操作时由顺序控制服务器根据预先编制的操作票对变电站设备进行系列化操作，依据设备执行结果信息的变化判断每步操作是否到位，确认到位后自动或半自动执行下一指令，直至执行完成所有指令。将传统人工填写操作票为主的烦琐、重复、易误操作的倒闸操作模式转变为一键顺控操作模式，可有效减少操作和停电时间，降低误操作概率。

## 第一节 技 术 原 理

### 一、系统硬件构架

变电站站控层部署一键顺控主机、智能防误主机、数据通信网关机，间隔层部署测控装置、智能压板和智能空气开关，过程层部署"双确认"装置。一键顺控系统硬件架构如图 7-1 所示。

（一）一键顺控主机

一键顺控主机是实现智慧变电站一键顺控功能的核心，可实现倒闸操作模拟预演及下发操作指令。一键顺控主机内置防误逻辑，通常部署于变电站安全Ⅰ区，与站控层网络采用 CMS 标准通信，与Ⅰ区数据通信网关机通信采用 DL/T 634.5104 标准通信，与智能防误主机采用 CMS 或 DL/T 634.5104 标准通信。一键顺控主机如图 7-2 所示。

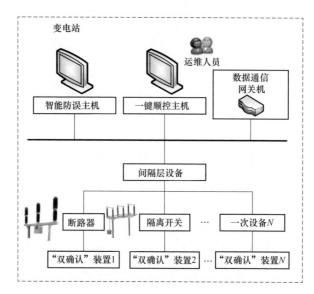

图 7-1 一键顺控系统硬件架构图

图 7-2 一键顺控主机

（二）智能防误主机

智能防误主机从站控层采集断路器、隔离开关、接地线、网（柜）门、压板和空气开关等设备状态，通过内置防误逻辑规则库，为一键顺控操作的模拟预演和操作执行提供防误校核。

（三）数据通信网关机

数据通信网关机是通信网络的枢纽设备，其采集变电站内间隔层所有保护装置、测控装置和智能设备的实时数据，负责实现调度主站对间隔层装置遥控、遥调和保护操作等命令；同时，具备协议转换功能，可完成不同通信协议之间的转换，实现监控后台和调度主站与各类装置的数据通信。数据通信网关机如图 7-3 所示。

图 7-3 数据通信网关机

（四）测控装置

测控装置集成了测控和"双确认"信息开入等功能，具备对智能空气开关、智能压板的遥控操作。测控装置如图 7-4 所示。

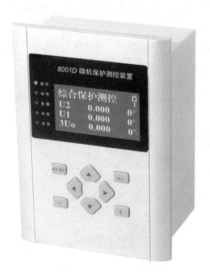

图 7-4 测控装置

（五）智能压板

智能压板在常规压簧式压板后增加电动机构，在监控后台下发操作指令，通过公用测控装置实现压板的自动投退。智能压板如图7-5所示。

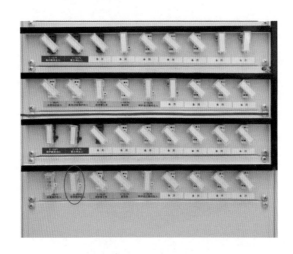

图7-5　智能压板

（六）智能空气开关

智能空气开关在常规空气开关外部增加电动机构，在监控后台下发操作指令，通过公用测控装置实现空气开关自动分合。智能空气开关如图7-6所示。

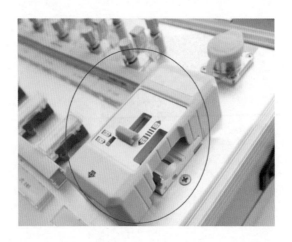

图7-6　智能空气开关

（七）"双确认"装置

"双确认"装置利用数字化识别技术准确判断设备状态位置，主要包括断路器和隔离开关的位置状态识别。

1. 断路器"双确认"装置

断路器位置"双确认"采用"位置遥信＋遥测/带电显示"判据："位置遥信"判据通过断路器辅助触点判别断路器分合位置；"遥测"判据通过本间隔电流互感器以及本间隔电压互感器或母线电压互感器的电流、电压值判别断路器分合位置；"带电显示"判据通过本间隔三相带电显示装置判别断路器分合位置。

2. 隔离开关"双确认"装置

隔离开关位置"双确认"采用"位置遥信＋传感器/视频图像"判据："位置遥信"判据通过辅助触点判别隔离开关分合位置；"传感器/视频图像"判据依靠传感器和视频图像识别技术判别隔离开关分合位置。

（1）基于传感器技术的"双确认"装置。隔离开关分合闸位置判别传感器类型包括光学感应传感器（光传感器）、压力传感器、姿态传感器、微动开关等。各种类型传感器装置的性能特点见表 7-1。

表 7-1　　　　　　　　各种类型传感器装置的性能特点

| 方法 | 准确性 | 可靠性 | 成本 | 适用性 | 技术难点 |
| --- | --- | --- | --- | --- | --- |
| 光传感器 | 较低 | 较低 | 一般 | 通常适用于水平旋转式隔离开关 | 存在因环境造成的判断准确性、安装位置等问题 |
| 压力传感器 | 非常高 | 较高 | 高 | 适用于大部分有触指弹簧的隔离开关 | 存在取电方式、信号传输等问题，适用范围有限 |
| 姿态传感器 | 非常高 | 非常高 | 高 | 适用于各种型式的隔离开关 | 存在取电方式、信号传输等问题 |
| 微动开关 | 非常高 | 非常高 | 一般 | 适用于各种型式的隔离开关 | 存在使用寿命等问题 |

1）光传感器：采用光传感器识别隔离开关位置时，在隔离开关的动触头安装激光传感器；利用激光发射器、激光反射镜发出并反射回激光束，根据接收激光信号强度判断隔离开关是否分合到位。激光传感器如图 7-7 所示。

图 7-7　激光传感器

2）压力传感器：基于压力传感器技术的隔离开关分合闸位置判别方法是在隔离开关动触头与静触杆接触点或接触点附近（一般为触指弹簧处）安装压力传感器，通过测量隔离开关分合过程中压力的变化，确定隔离开关的开合状态或异常状态。压力传感器如图 7-8 所示。

3）姿态传感器：姿态传感器主要通过感受载体的姿态（包括动作、速度、角度）变化，将其转换为信号输出，用图 7-8　压力传感器　于检测设备体态角度的变化。姿态传感器如图 7-9 所示。

4）微动开关：微动开关是位置开关（又称限位开关）的一种，是一种常用的小电流灵敏电器，利用生产机械运动部件的碰撞使触头动作发出隔离开关分合闸信号。微动开关如图 7-10 所示。

图 7-9　姿态传感器　　　　　　　图 7-10　微动开关

（2）基于视频图像识别技术的"双确认"装置。视频图像识别利用隔离开关位置状态变化信号联动变电站视频主机，采集隔离开关位置状态信息，通过图像识别装置完成图像智能分析识别和位置状态判断。图像识别装置如图 7-11 所示。

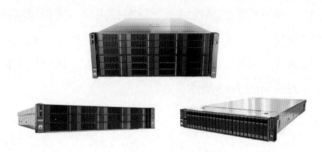

图 7-11　图像识别装置

每个间隔配置专用高清摄像机，站控层配置具有内置视频智能分析算法的图像识别装置，自动识别隔离开关分合闸位置；识别结果通过反向隔离装置输出至一键顺控主机，作为隔离开关状态的辅助判据。

在已投运的智慧变电站，主要应用微动开关和视频图像识别技术。

## 二、系统功能构架

一键顺控系统功能架构主要由权限管理模块、一键顺控模块、视频监控系统以及智能防误系统等组成。一键顺控系统具体功能结构模块如图 7-12 所示。

权限管理模块设置操作、维护以及查阅权限。当进行一键顺控操作时，一键顺控模块与视频监控系统进行联动，并与智能防误系统根据设备状态进行双校验。

图 7-12　一键顺控系统功能结构模块图

## 三、系统信息交互

（一）一键顺控主机与智能防误主机间信息交互

信息交互由变电站一键顺控主机发起，包含模拟预演阶段操作票全过程防

133

误校验和操作执行阶段单步防误校验。模拟预演时，智能防误主机依据一键顺控主机预演指令进行操作票全过程防误校核，并将校核结果返回至一键顺控主机。操作指令执行时，智能防误主机依据一键顺控主机发送的每步控制指令进行单步防误校核，并将校核结果返回至一键顺控主机。模拟预演和操作指令执行过程中，一键顺控主机和智能防误主机进行防误双校核，校核一致可继续执行，校核不一致则终止操作，并提示详细错误信息。一键顺控主机与智能防误主机间信息交互关系如图 7-13 所示。

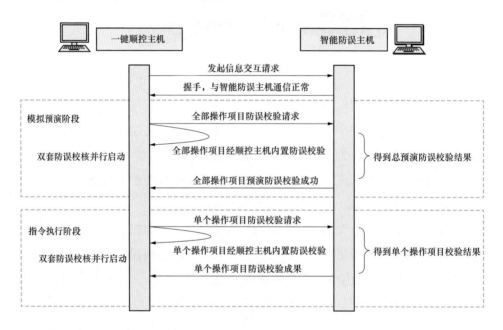

图 7-13　一键顺控主机与智能防误主机间信息交互关系

智能防误主机与一键顺控主机间采用 CMS 标准或《远动设备及系统　第 5-104 部分：传输规约采用标准传输协议集的 IEC 60870-5-101 网络访问》（DL/T 634.5104）标准通信。

（二）一键顺控主机与间隔层设备间信息交互

信息交互由变电站一键顺控主机发起，由间隔层设备完成操作并返回设备操作后状态。间隔层设备每完成一步操作，都需将设备变位信息传输至一键顺控主机确认，再由一键顺控主机发送下一步操作指令，直至完成顺控任务；操作过程中可通过顺控主机暂停或继续操作任务。一键顺控主机与间隔层设备间信息交互关系如图 7-14 所示。

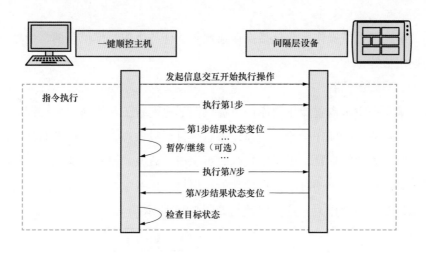

图 7-14 一键顺控主机与间隔层设备间信息交互关系

（三）一键顺控主机与辅助设备监控系统信息交互

信息交互由变电站一键顺控主机发起，在一键顺控控制每一个操作项目执行前向辅助监控系统发出联动信号；辅助监控系统收到信号后触发图像采集设备联动，并根据需要转发视频图像识别结果至一键顺控主机。一键顺控主机与辅助设备监控系统信息交互关系如图 7-15 所示。

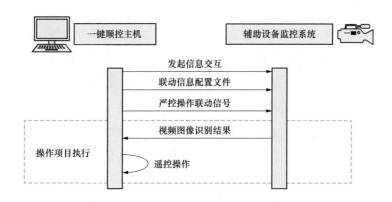

图 7-15 一键顺控主机与辅助设备监控系统信息交互关系

# 第二节 系 统 操 作

一键顺控系统操作主要包括操作票预制、任务生成、模拟预演、指令执行及防误校核等。

## 一、操作票预制

一键顺控主机内置操作票库，可提供图形化配置工具快速生成一键顺控操作票。操作票包括操作对象、当前设备态、目标设备态、操作任务名称、操作项目、操作条件等项目。操作票预制时可生成、修改、删除一键顺控操作票，并能记录维护日志，同时具备自检功能，根据操作对象、当前设备态、目标设备态确定唯一的操作票。操作票预制如图 7-16 所示。

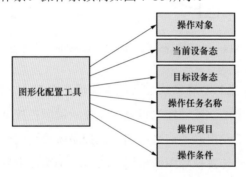

图 7-16　操作票预制

## 二、任务生成

选定当前设备态和目标设备态后，系统自动生成一键顺控唯一操作任务；同时，自动更新当前操作条件列表和目标状态列表，操作条件可根据设备名称自动整理，目标状态可根据操作项目顺序自动整理，通常包括组合电器"运行、热备用、冷备用"三种状态转换操作，空气绝缘开关柜"运行、热备用"两种状态转换操作，倒母线、主变中性点切换、终端变电站电源切换操作。生成操作任务后，系统将操作任务的目标设备态模拟置为满足。一键顺控具备子任务操作票组合功能，执行组合功能时，系统在上一操作任务生成后的模拟结果基础上判断下一操作任务的当前设备态是否满足；若不满足，禁止任务组合。任务生成流程如图 7-17 所示。

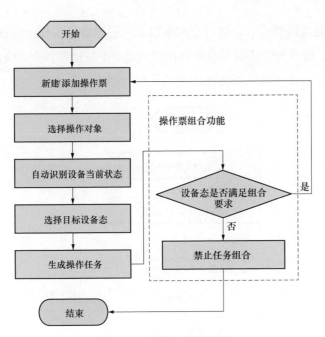

图 7-17　任务生成流程图

### 三、模拟预演

模拟预演包括检查操作条件、预演前当前设备态核实、一键顺控主机防误闭锁校验、智能防误主机防误校核和单步模拟操作等步骤，全部环节成功后才可确认模拟预演完成。其中，一键顺控主机防误闭锁校验、智能防误主机防误校核依据的防误闭锁逻辑，满足变电站不同运行方式下倒闸操作的"五防"要求。模拟预演时需检查操作条件列表是否全部满足要求，指令中的当前设备态与操作对象的实际状态是否一致，所有步骤是否经一键顺控主机内置防误闭锁校验成功。模拟预演过程中，每一个操作项目的预演结果逐项显示，任何一步模拟操作失败则终止模拟预演。模拟预演流程如图 7-18 所示。

### 四、指令执行及防误校核

指令执行以模拟预演成功为前提，并检查指令中的当前设备态与操作对象的实际状态是否一致，若不一致则禁止指令执行并提示错误。指令执行以操作排他性为基本原则，指令正在执行时，后续到达的指令被闭锁，回复不执行。一键顺控操作因故中止后，可转就地操作，由原"五防"主机或智能防误主机实现防误闭锁功能。指令执行全过程包括启动指令执行、校准设备状态、检查操作条件、通过闭锁信号、通过全站事故总、通过执行条件、通过顺控主机防误闭锁校验、通过智能防误主机防误闭锁校验、下发操作指令、确认条件通过，全部环节成功后才可确认所有操作步骤执行。指令执行流程如图 7-19 所示。

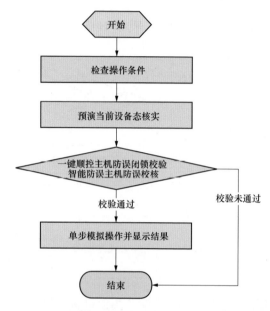

图 7-18　模拟预演流程

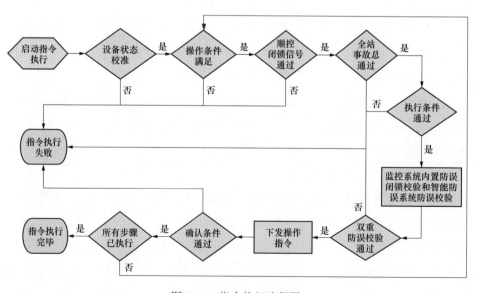

图 7-19　指令执行流程图

（1）启动指令执行：指令执行应以模拟预演成功为前提，由运维人员进行操作。

（2）校准设备状态：指令执行前，检查指令中的当前设备态与操作对象的实际状态是否一致，若不一致则禁止指令执行并提示错误。

（3）检查操作条件：单步执行前，判断操作条件是否满足，若不满足则终止指令执行并提示错误，将不满足项明显标识。

（4）通过闭锁信号：单步执行前，判断是否有闭锁信号，若有则终止指令执行并提示错误，点亮"异常监视"指示灯。

（5）通过全站事故总：单步执行前，判断是否有"全站事故总"信号，若有则终止指令执行并提示错误，点亮"事故信号"指示灯。

（6）通过执行条件：单步执行前，判断本步操作的执行前条件是否满足，若不满足则终止操作并提示错误，点亮"异常监视"指示灯。

（7）通过顺控主机防误闭锁校验：单步执行前，本步操作经一键顺控主机防误闭锁校验，若不通过则终止操作并提示错误，点亮"内置防误闭锁"指示灯。

（8）通过智能防误主机防误闭锁校验：单步执行前，本步操作时经智能防误主机防误闭锁校核，若不通过则暂停操作并提示错误，点亮"智能防误校核"指示灯。

（9）下发操作指令：向间隔层设备下发操作指令，指令执行过程结果逐项显示，执行每一步操作项目后更新操作条件和目标状态。

（10）确认条件通过：单步执行结束后，判断本步操作的确认条件是否满足，若不满足则自动暂停执行操作并提示错误，该错误可由人工确认后选择"重试""忽略"或"终止"。

（11）确认所有操作步骤执行：检查操作票步骤全部执行完毕及完成设备目标态，结束顺控操作。

# 第八章 联 合 巡 视

变电站作为电力系统的关键，其安全巡检工作一直是重中之重。随着变电站自动化水平不断提升，传统的巡视方式已经不能满足变电站的发展需求，联合巡视将作为变电站巡视的主要方式。本章主要介绍联合巡视的系统组成、硬件组成、系统功能以及巡视点位配置原则等，并以断路器为例详细说明巡视点位的配置情况。

## 第一节 联合巡视系统简介

常规变电站巡视主要采用人工定期巡视方式，巡视任务重、作业风险高，巡视质量严重依赖运维人员责任心。在巡视过程中，如果瓷质、充油设备发生故障，或在特殊天气开展特巡，会有人身伤害风险，因此逐渐产生了运用摄像机等设备进行远程巡视的需求。但是，常规变电站的摄像机主要用于设备安防，清晰度低、布点不足，不能做到设备全覆盖，无法满足设备巡视需要。

### 一、联合巡视系统特征

智慧变电站联合巡视系统能够满足设备巡视需要，具备远程化、智能化、可视化、立体化和安全化的特征。

（1）远程化：是指在运维班或集控站进行定期巡视，对设备缺陷、故障信息进行巡视记录，不受恶劣天气影响。

（2）智能化：是指联合巡视应用先进传感器技术、物联网技术、人工智能技术，并实现巡视结果的智能识别和分析。

（3）可视化：是指利用可见光摄像、三维建模、图像识别等技术，在虚拟场景中实时再现设备状态。

（4）立体化：是指激光导航轮式机器人、轨道机器人、固定点位摄像机相结合，构建一个全方位、无死角的立体化巡检体系。

（5）安全化：是指联合巡视系统满足电力生产对信息安全的相关要求，采用安全操作系统，对巡视人员进行身份认证和权限设置。

**二、巡视任务机器替代**

联合巡视系统能够完成巡视任务机器替代，巡视任务机器替代可按表8-1配置。

表 8-1 变电站巡视任务机器替代需求

| 序号 | 运维工作项目 | | 替代方式 | 替代效果 |
|---|---|---|---|---|
| 1 | 设备巡视 | 例行巡视 | 平台：自动巡视模块。前端：巡检机器人、高清摄像机、红外热成像测温 | 利用巡检机器人、高清摄像机、红外热成像测温在线获取数据，自动生成设备巡视记录表，提高巡视频率 |
| 2 | | 熄灯巡视 | 平台：自动巡视模块。前端：巡检机器人、红外热成像测温 | 利用巡检机器人、红外热成像测温在线获取数据，自动生成设备巡视记录表，提高巡视频率 |
| 3 | | 特殊巡视 | 同上例行巡视，非常规场景下巡视内容仍需人工实现 | 利用巡检机器人、高清摄像机、红外热成像测温在线获取数据，自动生成设备巡视记录表，提高巡视频率 |
| 4 | 带电检测 | 一、二次设备红外热成像检测 | 平台：自动巡视模块。前端：巡检机器人、红外热成像摄像机 | 获取机器人巡视、红外测温检测数据，自动生成红外普测记录表、分析曲线 |
| 5 | | 开关柜地电波检测 | 平台：自动巡视模块、预警模块等。前端：挂轨式机器人 | 挂轨式机器人搭载地电波检测仪，按周期任务自动检测，在线获取检测数据，并提供专项检测报告 |
| 6 | | 变压器铁心、夹件接地电流测试 | 平台：自动巡视模块、预警模块等。前端：铁心、夹件接地电流传感器 | 通过变压器在线监测装置获取监测数据，自动生成铁心与夹件接地电流分析曲线 |

**三、图像识别典型缺陷**

自2019年起，电力行业逐步开始运用高清视频、机器人和图像识等技术进行自动巡视，初步实现了表计免抄录、数据自动分析、外观异常自动识别等功能，对提升运维人员巡视质量起到了重要辅助作用。部分科研单位构建了变电人工智能算法管理平台，为开展算法常态化训练提供了基础条件。随着算法训练水平不断提升，机器巡视已能够识别多种缺陷，图像识别典型缺陷见表 8-2。

表 8-2 图像识别典型缺陷

| 序号 | 缺陷类型 | 缺陷名称 | 缺陷描述 |
|---|---|---|---|
| 1 | 缺陷识别 | 设备外部损坏 | 吸湿器油封损坏 |
| 2 | | | 导线断股 |
| 3 | | 设备变形 | 电容器本体鼓肚 |
| 4 | | | 膨胀器冲顶 |
| 5 | | | 绝缘子变形 |
| 6 | | 凝露 | 汇控柜观察窗凝露 |
| 7 | | 表计破损 | 表盘模糊 |
| 8 | | | 表盘破损 |
| 9 | | | 外壳破损 |
| 10 | | 绝缘子破损 | 绝缘子破裂 |
| 11 | | 渗漏油 | 地面油污 |
| 12 | | | 部件表面油污 |
| 13 | | 吸湿器破损 | 硅胶筒破损 |
| 14 | | 箱门闭合异常 | 箱门闭合异常 |
| 15 | | 异物 | 挂空悬浮物 |
| 16 | | | 鸟巢 |
| 17 | | 盖板破损或缺失 | 盖板破损 |
| 18 | 人员行为 | 未戴安全帽 | 未戴安全帽 |
| 19 | | 未穿工装 | 未穿工装 |
| 20 | | 吸烟 | 吸烟 |
| 21 | 状态识别 | 表计读数异常 | 表计读数异常 |

# 第二节　系统组成和功能

## 一、系统组成

变电站联合巡视系统部署在变电站站端，主要由巡视主机、机器人、视频

设备等组成。巡视主机下发控制、巡视任务等指令，由机器人和视频设备开展
室内外设备联合巡视作业，并将巡视数据、采集文件等上送到巡视主机；巡视
主机对采集数据进行智能分析，形成巡视结果和巡视报告。巡视系统具备实时
监控、与主辅设备监控系统智能联动等功能。变电站联合巡视系统架构如图 8-1
所示。

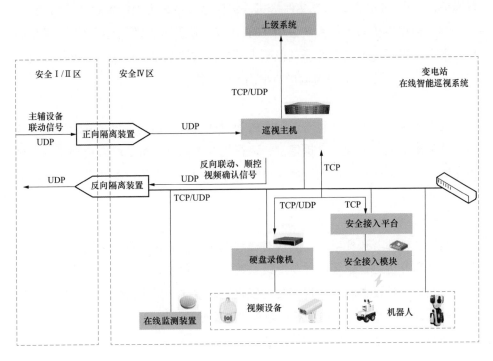

图 8-1 变电站联合巡视系统架构图

巡视主机是整个巡视系统的核心，既要调配各类巡视设备，又要实现和主
辅设备监控系统的联动。为了使不同的巡视装备或业务系统顺畅地进行数据交
互，需要明确巡视主机和各设备、系统的接口要求。

（1）巡视主机与机器人接口采用 TCP（transmission control protocol）传输
协议，下发对机器人的控制、巡视任务等指令，接收机器人的巡视、状态等数
据，采用 FTPS［一种对常用的文件传输协议（FTP）添加传输层安全（TLS）
和安全套接层（SSL）加密协议支持的扩展协议］等安全文件传输规范，接收
可见光照片、红外图谱等文件。

（2）巡视主机与视频系统中的硬盘录像机接口采用 TCP/UDP（user datagram protocol）传输协议，获取摄像机的视频，并实现对摄像机的控制。

（3）巡视主机与在线监测装置的接口采用 TCP/UDP 传输协议，获取在线监测数据。

（4）巡视主机与主辅助设备监控系统通过Ⅱ区与Ⅳ区之间正反向隔离装置通信，采用 UDP 协议、E 文件格式，实现巡视系统主辅设备联动等功能。

（5）巡视主机与上级系统采用 TCP 协议传输任务管理、远程控制、模型同步等指令，视频传输接口遵循《电网视频监控系统及接口》（Q/GDW 1517.1—2014）接口 B 协议，文件传输接口采用 FTPS 协议。

## 二、主要硬件

巡视系统的主要硬件包含巡视主机和巡视装备。巡视装备是联合巡视系统的前端采集单元，一般包含摄像机、巡视机器人和无人机。联合巡视系统通过预先编制好的巡视点位，调用摄像机和机器人到达预定的位置和角度，获取需要采集的数据。

### （一）巡视主机

巡视主机部署在变电站，实现对视频设备、机器人及声纹装置统一接入、下发控制和分析巡视结果，并与上级系统进行交互的装置。控制机器人和视频设备开展室内外设备联合巡视作业，接收巡视数据、采集文件，对采集的数据进行智能分析，形成巡视结果和巡视报告，及时发送告警。同时具备实时监控、与主辅设备监控系统智能联动等功能。

### （二）巡视装备

1. 摄像机

用于联合巡视的摄像机需具备高效的压缩算法，一般采用 H.264/H.265 压缩算法，并支持多码流技术，以在有限的带宽传输多路高清实时视频；具备白光/红外补光，以满足夜间巡视需要；具备视频参数调节功能，以满足不同巡视系统对视频格式的特定需求；支持宽动态、3D 降噪、强光抑制、背光补偿、电子防抖。用于采集设备声音的摄像机还需具备音频输入和音频输出，一般采用 G.711A 音频压缩标准。

摄像机按型式结构分包含枪型摄像机、球型摄像机、云台摄像机、全景摄像机、红外热成像摄像机。与枪型摄像机对比，球型摄像机和云台摄像机能够调整摄像机角度，支持 3D 定位，可实现目标的快速定位与捕捉，具备守望位功能。全景摄像机如图 8-2 所示，具备 180°或 360°单画面超大视野，大场景监控，同时配合细节跟踪摄像机支持联动监控、自动跟踪、细节抓拍等功能。红外热成像摄像机支持高精度非接触式温度测量，具备多种伪彩可调。

图 8-2　全景摄像机

2. 巡视机器人

用于联合巡视的机器人能够根据巡视任务自动规划最优路径，并按照规划的既定路径和巡视点行走和停靠，采集并记录巡视任务对应的各类设备巡视数据，按设备归类展示，并生成巡视报告。

根据室外、室内设备布置的不同，巡视机器人分为室外轮式机器人、室内轮式机器人和室内挂轨式机器人等。

（1）室外轮式机器人。如图 8-3 所示，该型机器人配备可见光摄像机，能够对设备外观、设备分合状态及表计指示等进行检测，并将图像实时上传至机器人巡视系统。可见光摄像机上传视频分辨率可达 1080P，可见光最小光学变焦倍数为 30 倍，对有读数的表盘及油位标记的误差小于 5%，可满足室外远距离采集数据需求。室外机器人还配备红外热成像摄像机，能够对一次设备的本体、导线和接头的温度进行采集，并能将红外图像及温度数据实时上传至联合巡视系统。

图 8-3　室外轮式机器人

（2）室内轮式机器人。如图 8-4 所示，该型机器人具备云台升降功能，升降行程不小于 1000mm，满足室内设备巡视要求；运行速度一般超过 100mm/s，在任意高度和方向上可锁定并稳定工作，重复定位精度不低于 10mm；具备防碰撞和障碍物距离检测功能，爬坡能力不小于 3°，越障高度不小于 10mm，可见光光学变焦倍数不小于 20 倍。

图 8-4　室内轮式机器人

（3）室内挂轨式机器人。如图 8-5 所示，该型机器人可见光检测上传视频分辨率不小于 1080P，光学变焦倍数不小于 20 倍；红外热成像分辨率不低于 320×240，热灵敏度不应低于 60mK；测温范围为−20～200℃，可显示影像中温度最高点位置及温度值、可生成供后期分析的热成像图，测温误差小于 2℃或测量值的 2%。

图 8-5　室内挂轨式机器人

### 3. 无人机

无人机搭载可见光镜头、红外成像镜头，能自动规划航迹，完成对变电站航拍巡视。无人机将采集到的设备图像、视频通过无线专网传输至联合巡视系统，联合巡视系统对无人机巡视图像进行二次识别及缺陷推送告警。为了满足巡视续航的要求，还应配备无人机机巢进行无人机自动换电，从而实现无人机巡视全程无人化。无人机及无人机机巢如图8-6所示。

### （三）安全接入平台

安全接入平台是采集装置接入变电站网络的加密网关，实现无线网络和变电站局域网的加密隔离。

### 三、系统功能

联合巡视系统的主要功能是根据巡视需求制定巡视任务，由巡视装备完成巡视数据采集并上传给巡视主机，巡视主机对巡视数据进行分析并生成巡视报告，此外还具备故障联动和远程实景巡视等高

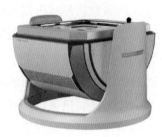

图8-6 无人机及无人机机巢

级功能。巡视过程中，运维人员可以对机器人、摄像机巡视进行实时监控。

### （一）巡视任务管理

#### 1. 任务编制

联合巡视系统运行时，需预先按照例行、全面、熄灯、特殊、专项等各类型不同的巡视要求，添加巡视点位、建立巡视任务，并为该巡视任务配置巡视周期和巡视方式。巡视周期配置指为巡视任务配置月、周、日、小时等不同时间尺度的巡视时间间隔。巡视方式包括立即执行、计划执行和周期执行三种方式。

#### 2. 任务执行

在完成巡视任务编制后，根据变电站巡视计划启用巡视任务。启用的任务将按照设置好的巡视方式（立即执行、计划执行和周期执行）执行。

### （二）巡视数据采集

巡视数据采集包含设备数据采集和状态数据采集。

#### 1. 设备数据采集

设备数据采集分为可见光照片数据采集和红外、音频巡视数据采集。

（1）可见光照片数据主要采集 $SF_6$ 压力表、开关动作次数计数器、避雷器

泄漏电流表、油温表、液压表、有载调压挡位表、油位计等表计示数，采集断路器、隔离开关等一次设备及切换手柄、压板、指示灯、空气开关等二次设备的位置状态指示，以及设备设施的外观等状况。

（2）红外图谱数据主要采集设备本体、接头、套管、引线等重点部位的红外图谱数据。

（3）音频数据主要采集变压器、电抗器等设备的声音数据。

2. 状态数据采集

状态数据包括机器人设备本体状态数据和摄像机本体状态数据。

（1）巡视系统主要采集机器人运行信息、任务执行信息、工作状态、控制模式、异常告警信息等。当机器人出现故障或故障消除，机器人主机能够主动推送机器人故障信息或消除信息。

（2）针对摄像机，联合巡视系统定时检查站内摄像机在线/离线实时状态，并对摄像机视频画面质量状态进行诊断。

（三）巡视实时监控

机器人主机向巡视系统上传机器人实时可见光视频和红外视频，同时提供控制接口。方便运维人员对机器人实时控制，包括云台转动与升降，以及设置和调用云台预置位。运维人员还能够通过巡视系统对机器人进行自检、远程复位、一键返航等控制，以应对机器人电量不足、定位丢失等情况

联合巡视系统可以实现对摄像机的云台控制、视频控制、音频控制等功能，从而实现人工远程进行巡视或现场信息查看。

（四）巡视报告生成

机器人按照系统制定的任务模板完成巡视后，主动上传巡视结果数据，包括 ID、时间、状态、巡视相关附件、巡视结果。

视频巡视上传巡视分析结果，包括 ID、名称、时间、状态值、分析类型、分析截图、分析结果、上一次分析结果。

联合巡视系统将机器人和高清视频联合巡视结果按固定格式生成巡视报告，按照预设的设备告警阈值自动告警，由运维人员在线浏览、导出，并确认其中的设备告警分析结果。

（五）故障异常联动

联合巡视发现缺陷或收到辅助设备监控系统告警信息（如安防告警）时，

能够根据已配置的逻辑，自动调配站内高清摄像机、机器人等设备资源，对缺陷或告警关联的各设备进行监测，快速定位告警位置。联合巡视系统收到主设备监控系统故障联动信号，自动弹出设备关联视频，并通过智能分析方法识别现场设备状态，如断路器、隔离开关分合位置等。

运维人员根据运维工作要求，可新增、编辑、删除联动方案，结合变电站设备实际运行情况启用联动方案。故障联动可以对每一个告警事件设置一条或多条联动方案。联动动作包括远程控制设备、录像、实时视频调阅、预置位调用等。

（六）远程实景巡视

联合巡视系统实现了变电站的自动巡视，提升了运维效率；但与现场巡视相比，运维人员通过摄像机或机器人的点位来查看设备并不直观。为解决这一问题，联合巡视系统配置了远程实景巡视功能。

远程实景巡视指运维人员无需到达现场，可远程通过三维场景查看现场设备状态。远程实景巡视采用实时视频与三维模型无缝融合，实现沉浸式三维模型中整体或局部区域实时监控，有效监视变电站现场设备及人员状态。实时视频融合步骤如图 8-7 所示。

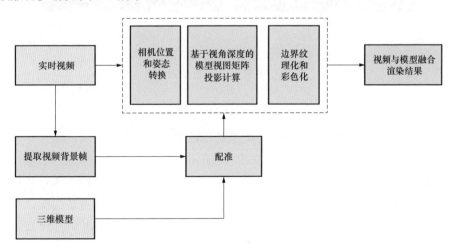

图 8-7 实时视频融合步骤

实时视频融合步骤包括预处理与投影。

（1）预处理：是指基于视频数据对视频流进行转码，以满足实景 3D 引擎端的动态渲染要求，并对视频进行几何校正、噪声消除、色彩和亮度调整、配准等。

（2）投影：是指基于视频与三维场景之间的空间位置关系以及渲染所需的深度信息，根据合适的视频映射算法进行投影计算。

通过以上步骤，实现变电站三维模型视频的实时、无缝融合处理，以及实景三维模型的动态渲染，避免画面出现畸变的情况。借助视频和实景三维融合技术，巡视人员可实时掌握现场情况和各种设备的关键部件状态，如表计读数、隔离开关的状态、设备外观等，实现了远程沉浸式实景巡视。远程实景巡视如图 8-8 所示。

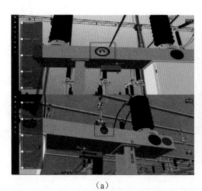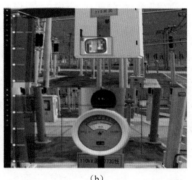

（a） （b）

图 8-8　远程实景巡视

（a）巡视场景 1；（b）巡视场景 2

# 第三节　巡视点位配置

由上文介绍可知，联合巡视实际是需要预先设置好巡视点位，执行巡视任务时自动调动摄像机转向预置点或机器人移动至预置点，采集设备图像，交由巡视主机进行图像识别分析。因此，巡视点位配置的优劣直接关系到巡视的质量。

**一、点位配置原则**

联合巡视任务点位按实际巡视需求设置，必须满足覆盖室内外一、二次设备及辅助设备设施巡视要求，包括设备外观、表计、状态指示、变压器（电抗器）声音、二次屏柜、设备及接头测温等。应综合考虑设备类型、巡视类型、设备和道路的布置方式等因素。

点位涵盖的设备类型包括站内所有一、二次设备及相关设施等，点位涵盖的巡视类型包括例行巡视、特殊巡视、专项巡视、自定义巡视等四类。其中，恶劣天气特殊巡视包括大风后、雷暴后、雾霾中、冰雪中、冰雹中等五类；专项巡视包括设备红外测温、油位油温表抄录、避雷器表计抄录、$SF_6$ 压力表抄录、液压表抄录、位置状态识别抄录等六类。

考虑经济性要求，联合巡视系统不应当为了实现点位全覆盖而无限制增加巡视装备，必须对巡视点位进行分类取舍。

**二、点位分类配置**

变电站巡视的目的是发现设备缺陷，因而在对巡视点位进行分类配置时，主要依据是巡视点位所能发现的设备缺陷类型。

依据缺陷等级，可将变电站巡视点位分为三类。当巡视点位所属部件的最高缺陷等级达到危急缺陷，该点位为一类点位，缺陷等级达到严重缺陷的为二类点位，达到一般缺陷的为三类点位。联合巡视系统必须覆盖全部的一类、二类巡视点位，三类点位可以视经济性要求和现场设备安装条件有选择地配置。

**三、巡视装备点位分配**

针对某一具体的巡视点位，可以运用不同的巡视装备来巡视，选择的主要依据是数据采集效果。如果巡视点位周边有摄像机，优先采用摄像机巡视，充分利用摄像机响应速度快的优势。一键顺控过程中，隔离开关位置的图像识别确认必须采用摄像机。采集位置较偏或摄像机采集会被遮挡的点位，采用机器人巡视。此外，由于红外热成像摄像机测温范围有限，机器人测温点位必须覆盖全站设备。主变顶盖、导引线、高型构架、避雷针等设备主要采用无人机巡视。

当某一巡视点位通过多种巡视装备都能采集到高质量图片时，可进行冗余配置。这样一方面可以在某一巡视装备故障时，确保仍能够采集到巡视数据；另一方面，可以用非同源的数据相互校核，提高数据可靠性。还应对不同源的采集数据设置差值告警，从而提醒运维人员对巡视点位数据进行检查确认。

以断路器为例，说明巡视装备的巡视点位分配，见表 8-3。

表 8-3                                    断路器巡视点位分配

| 序号 | 设备部位 | 巡视点位 | 巡视类型 | 巡视内容 | 巡视装备 |
|---|---|---|---|---|---|
| 1 | 本体 | 本体外观 | 例行巡视 | 外观清洁、无异物。外绝缘无裂纹、破损及放电现象，增爬伞裙粘接牢固、无变形，防污涂料完好，无脱落、起皮现象。油断路器无渗漏油现象。金属法兰无裂痕，防水胶完好，连接螺栓无锈蚀、松动、脱落。巡视点位包括正面、背面等 | 摄像机/机器人 |
| 2 | 本体 | 油位表计 | 例行巡视 | 油断路器本体油位正常，油位计清洁 | 摄像机/机器人 |
| 3 | 本体 | 套管电流互感器 | 例行巡视 | 断路器套管电流互感器外壳无变形、密封条无脱落 | 摄像机/机器人 |
| 4 | 本体 | 位置指示 | 例行巡视 | 分、合闸指示正确，与实际位置相符 | 摄像机/机器人 |
| 5 | 本体 | $SF_6$ 密度压力表 | 例行巡视 | $SF_6$ 密度继电器（压力表）指示正常、外观无破损或渗漏，防雨罩完好 | 摄像机/机器人 |
| 6 | 本体 | 引线及接头 | 例行巡视 | 引线弧垂满足要求，无散股、断股，两端线夹无松动、裂纹、变色现象 | 无人机 |
| 7 | 本体 | 均压环 | 例行巡视 | 均压环安装牢固，无锈蚀、变形、破损、脱落 | 无人机 |
| 8 | 本体 | 套管防雨帽 | 例行巡视 | 套管防雨帽无异物堵塞，无鸟巢、蜂窝等。巡视点位包括正面、背面等 | 无人机 |
| 9 | 操动机构 | 压力表计 | 例行巡视 | 液压、气动操动机构压力表指示正常 | 摄像机/机器人 |
| 10 | 操动机构 | 储能指示 | 例行巡视 | 弹簧储能机构储能正常 | 摄像机/机器人 |
| 11 | 其他 | 机构箱 | 例行巡视 | 机构箱箱门平整，无变形、锈蚀，机构箱锁具完好 | 摄像机/机器人 |
| 12 | 其他 | 汇控柜 | 例行巡视 | 汇控柜箱门平整，无变形、锈蚀，封闭良好 | 摄像机/机器人 |
| 13 | 其他 | 基础构架 | 例行巡视 | 基础构架无破损、开裂、下沉，支架无锈蚀、松动或变形，无鸟巢、蜂窝等异物。巡视点位包括正面、背面等 | 摄像机/机器人 |
| 14 | 其他 | 接地引下线 | 例行巡视 | 接地引下线标识无脱落，接地引下线可见部分连接完整可靠，接地螺栓紧固，无放电痕迹，无锈蚀、变形现象 | 摄像机/机器人 |
| 15 | 其他 | 标识牌 | 例行巡视 | 标识齐全明显 | 摄像机/机器人 |

续表

| 序号 | 设备部位 | 巡视点位 | 巡视类型 | 巡视内容 | 巡视装备 |
|---|---|---|---|---|---|
| 16 | 本体 | 引线及接头 | 大风特巡 | 检查引线有无断股、散股 | 无人机 |
| 17 | 本体 | 均压环 | 大风特巡 | 检查均压环是否倾斜、断裂、脱落 | 无人机 |
| 18 | 本体 | 绝缘子 | 大风特巡 | 检查绝缘子是否倾斜、断裂。巡视点位包括正面、背面等 | 摄像机/机器人 |
| 19 | 其他 | 整体外观 | 大风特巡 | 检查各部件上有无搭挂杂物。巡视点位包括正面、背面等 | 摄像机/机器人 |
| 20 | 本体 | 本体外观 | 雷暴特巡 | 检查外绝缘有无放电现象或放电痕迹。巡视点位包括正面、背面等 | 摄像机/机器人 |
| 21 | 本体 | 本体外观 | 下雪特巡 | 检查设备积雪情况。巡视点位包括正面、背面等 | 摄像机/机器人 |
| 22 | 本体 | 本体外观 | 覆冰特巡 | 观察外绝缘是否存在覆冰及冰凌桥接情况。巡视点位包括正面、背面等 | 摄像机/机器人 |
| 23 | 本体 | 引线及接头 | 冰雹特巡 | 检查引线有无断股、散股现象 | 无人机 |
| 24 | 本体 | 本体外观 | 冰雹特巡 | 检查瓷套、绝缘子表面有无破损现象。巡视点位包括正面、背面等 | 摄像机/机器人 |
| 25 | 本体 | 本体外观 | 雾霾特巡 | 检查外绝缘有无异常电晕现象，重点检查污秽部分。巡视点位包括正面、背面等 | 摄像机/机器人 |
| 26 | 本体 | 油位表计 | 温度骤变特巡 | 检查断路器油位变化情况 | 摄像机/机器人 |
| 27 | 本体 | $SF_6$ 密度压力表 | 温度骤变特巡 | 检查断路器 $SF_6$ 气体压力变化情况 | 摄像机/机器人 |
| 28 | 本体 | 本体外观 | 温度骤变特巡 | 检查油断路器有无渗漏现象。巡视点位包括正面、背面等 | 摄像机/机器人 |
| 29 | 本体 | 引线及接头 | 高温特巡 | 重点检查引线及接头、线夹有无发热迹象 | 机器人/无人机 |
| 30 | 本体 | 引线及接头 | 大（过）负荷特巡 | 重点检查引线及接头、线夹有无发热迹象 | 机器人/无人机 |
| 31 | 本体 | 本体外观 | 设备红外测温 | 检查断路器本体有无异常发热现象。巡视点位包括上下节等 | 机器人 |
| 32 | 本体 | 引线及接头 | 设备红外测温 | 检查断路器各接头有无过热现象 | 机器人/无人机 |
| 33 | 本体 | 油位表计 | 油位油温表抄录 | 抄录油断路器本体油位指示 | 摄像机/机器人 |

续表

| 序号 | 设备部位 | 巡视点位 | 巡视类型 | 巡视内容 | 巡视装备 |
|---|---|---|---|---|---|
| 34 | 本体 | $SF_6$ 密度压力表 | $SF_6$压力表抄录 | 抄录断路器 $SF_6$ 气体压力指示 | 摄像机/机器人 |
| 35 | 操动机构 | 压力表计 | 液压表抄录 | 抄录液压、气动操动机构压力表指示 | 摄像机/机器人 |
| 36 | 本体 | 位置指示 | 位置状态识别 | 识别并记录断路器位置状态 | 摄像机/机器人 |
| 37 | 操动机构 | 储能指示 | 位置状态识别 | 识别并记录断路器储能指示位置状态 | 摄像机/机器人 |

# 第九章 综 合 防 误

变电工作因为其高电压、大功率的特点，一旦发生误操作，轻则损失负荷、用户停电，重则可能引起电网解列或造成人员伤亡，所以对防误操作具有很高的要求。在传统机械、电气、测控和微机防误的基础上，随着变电站一键顺控等新技术的引入和电力自动化水平的提升，发展新的综合智能防误系统的必要性和可行性大大增加。本章介绍了智慧变电站综合智能防误系统的发展历程、系统架构，并详细介绍了综合防误系统的功能和具体实现方式。

## 第一节 综合智能防误系统发展历程

传统变电站的防误功能主要是通过机械、电气联闭锁和微机防误系统实现，但是在应用过程中存在各作业环节各自独立，缺少业务协同；一、二次设备未进行防误关联，缺少针对一、二次设备操作的联合防误措施；接地线和安全工器具管理方式落后，容易由于人为失误造成管理混乱等问题。

智慧变电站在实现站内辅助设备状态全部采集、统一接入的基础上，发展了综合智能防误系统技术，将安全防误技术措施融入变电操作、检修、运维等业务场景；实现了一键顺控防误双校核；拓展了二次设备操作防误、防人员"三误"（误碰、误接线、误整定）、安全工器具和接地线管理等功能，构建新一代变电站综合防误体系。

综合智能防误是为变电站内一、二次设备所有运行状态设置相应防误规则的一种面向全站所有设备的防误闭锁形式。变电站内任一设备操作，都经相关一、二次设备状态防误校验，闭锁可能引起一次设备误操作和二次设备误动、拒动的操作。

综合防误闭锁规则由一次设备防误规则、二次设备防误规则以及一、二次设备状态匹配规则构成；一次设备防误规则主要由"五防"规则组成；二次设备防误规则主要是压板是否投退和投退顺序的防误；一、二次设备匹配规则主要是指操作一次设备时，二次设备当前运行状态应与一次设备操作后的状态匹配，操作二次设备时，二次设备操作后的状态需与一次设备当前状态相匹配。

# 第二节 系 统 架 构

综合智能防误系统包含综合智能防误主机、防误边缘代理装置、防误钥匙、防误锁具、锁控钥匙、接地线管理模块、安全工器具管理模块等设备，其一种典型配置和架构图如 9-1 所示。

（1）综合智能防误主机：是综合智能防误系统的主控单元，与监控主机、防误边缘代理装置、业务中台（PMS 系统）、辅控主机等进行数据交互，具备防误校验、模拟预演、生成操作序列、任务管理等功能；支持远程操作防误双校验、顺控操作防误双校验、就地操作防误校验、电脑钥匙操作序列生成、运维检修防误等功能；部署在安全 Ⅰ 区，与监控主机采用 DL/T 634.5104 扩展协议进行通信。

（2）防误边缘代理装置：是一种具备防误操作任务、状态反馈等信息转发功能的代理装置，并且能够与智能电脑钥匙、智能接地线模块等设备进行信息交互；支持智能电脑钥匙任务交互和压板状态、接地线状态、安全工器具状态、锁具状态、票信息等数据采集；通过正反向隔离装置采用 CIM/E 文件方式与综合智能防误主机进行通信。

（3）防误锁具：应具备唯一身份信息，可实现对高压电气设备及其附属装置、电气操作回路进行闭锁，并按智能电脑钥匙的操作指令开锁等功能；包含挂锁、嵌入式门锁、电气编码锁、连杆锁、螺栓锁等类型；安装在设备本体或辅助设施上，实现就地操作防误强制闭锁功能。

（4）辅控锁具：包含箱/屏柜门锁、通道门锁、网络端口闭锁等类型，用于防人员"三误"；安装在辅助设施上，实现辅助设备强制闭锁管理和人员出入权限管理等功能。

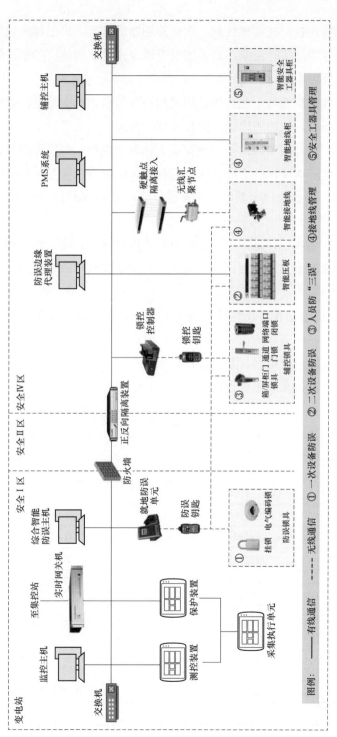

图 9-1 综合智能防误系统架构图

图例：—— 有线通信 ----- 无线通信 ① 一次设备防误 ② 二次设备防误 ③ 人员防"三误" ④接地线管理 ⑤安全工器具管理

（5）智能压板：在实现控制二次回路通断的基础上，配置压板监测装置；支持压板投退状态实时监测，具备压板投退操作提示功能；在非计划操作时支持发出声光报警信号。

（6）智能电脑钥匙：包括防误钥匙和锁控钥匙，其中防误钥匙可打开防误锁具、辅控锁具，锁控钥匙仅支持打开辅控锁具。

（7）智能接地线模块：是一种安装于临时接地线、接地桩的智能模块，用于临时接地线防误操作；支持挂（合）状态、位置信息交互，满足防止带电挂（合）接地线、带接地线合断路器（隔离开关）要求；由可拆卸的接地头和接地桩组成。

（8）智能地线柜：是一种用于临时接地线存放和取用、归还管理的装置。

（9）智能安全工器具柜：是一种用于安全工器具存放和取用、归还管理的装置。

（10）其他通信设备：包括无线汇聚节点、安全接入网关等无线安全接入区设备和正反向隔离、防火墙等跨区通信设备；遵循智慧变电站辅助设备监控系统技术规范的系统组网、系统接口要求。

综合智能防误系统主要设备可按表 9-1 配置。

表 9-1                综合智能防误系统主要设备配置

| 序号 | 设备 | 配置 |
|---|---|---|
| 1 | 综合智能防误主机 | 单套配置 |
| 2 | 防误边缘代理装置 | 单套配置 |
| 3 | 就地防误单元 | 单套配置 |
| 4 | 防误钥匙 | 双套配置 |
| 5 | 锁控控制器 | 单套配置 |
| 6 | 锁控钥匙 | 双套配置 |
| 7 | 智能压板监测装置 | 按需，与二次设备数量匹配 |
| 8 | 智能接地线模块 | 按需，与接地桩、接地线数量匹配 |
| 9 | 智能地线柜 | 按需，与接地线数量匹配 |
| 10 | 智能安全工器具柜 | 按需，与安全工器具数量匹配 |
| 11 | 无线汇聚节点 | 按需，信号覆盖全站区域 |
| 12 | 硬触点隔离 | 按需，与智能地线数量匹配 |

# 第三节 综合防误功能

为满足智慧变电站一、二次设备防误需求，综合智能防误系统在具备人员、操作防误功能、实时状态获取和动态授权功能、防误锁具管理功能和系统管理功能四类通用功能的基础上，实现遥控操作防误、顺控操作防、就地操作防误、二次操作防误、检修工作防误、运维工作防误、接地线实时管控和安全工器具管理八类应用功能。

**一、防误系统通用功能**

（一）人员、操作防误功能

（1）防止人员误入带电间隔和非授权区域。

（2）防止误碰、误动运行的二次设备、网络设备。

（3）操作过程防误。

（4）防止跳项操作和走空程序。

（5）能正确模拟、生成、下发和管理操作序列、工作范围。

（6）针对断路器、隔离开关、接地开关等一次电气设备，二次压板、屏柜、箱柜等二次设备，以及接地线、网门等附属设备，具备断路器操作的防误闭锁提示功能。

（二）实时状态获取和动态授权功能

（1）实时获取设备变位状态、锁具状态、接地线状态等信息，并支持实时对位和初始状态自动校核，校核不通过应支持告警、提示。

（2）动态授权时应经申请、审批流程，记录不可篡改、删除。

（三）防误锁具管理功能

符合防误程序的正常操作应顺利开锁；防误校验不通过时应禁止操作，并有声、光或者语音提示。

（四）系统管理功能

（1）支持一次接线图拓扑分析和带电状态动态着色。

（2）具备典型票、历史票调用功能。

（3）具备管理员功能，以便在异常情况下进行解锁操作。

## 二、防误系统应用功能

### (一)遥控操作防误

传统调度机构远程遥控操作时,由于防误系统不完善,如遥控操作缺乏有效的防误约束和必要的校验机制、调度信息不全、临时部署信息没有采集等,会导致遥控操作存在一定的安全隐患。为解决上述问题,相比传统防误系统,智能防误系统在充分利用变电站"五防"校验的基础上,对遥控操作增加以下三种防误措施:

(1)加强调度系统的设备遥控权限管理,将操作票和监控系统绑定,只有系统接收到操作票时,相关设备的遥控功能才可以开放。

(2)完善调度系统的遥控设备监护确认功能,使用遥控设备校验措施,确保监护人和操作人及所选变电站和设备一致后才能通过校验。

(3)采用系统层级防误技术,通过系统拓扑分析实现相关操作提示,进而避免操作员误分、误合开关。

遥控操作防误效验交互流程如图 9-2 所示,对于遥控操作,监控主机与防误主机的交互分为以下三步。

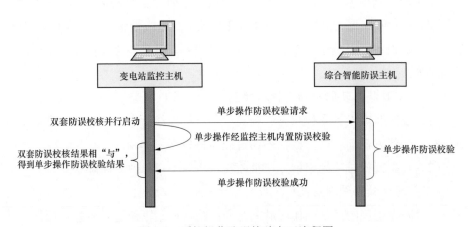

图 9-2 遥控操作防误校验交互流程图

(1)遥控操作防误系统通过监控主机获取断路器、隔离开关、接地线等设备的状态信息。

(2)综合智能防误主机接收监控主机遥控操作校验请求并进行防误校验,校验结果反馈监控主机。

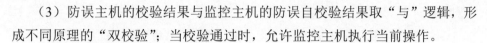

（3）防误主机的校验结果与监控主机的防误自校验结果取"与"逻辑，形成不同原理的"双校验"；当校验通过时，允许监控主机执行当前操作。

（二）顺控操作防误

在一键顺控操作的过程中，针对顺控系统只能由监控防误主机实时获取断路器、隔离开关位置，通过内置的逻辑闭锁功能完成操作的逻辑校验，但单套顺控防误系统不能满足变电操作需要有两组独立的不同原理的防误系统的技术要求的问题，综合智能防误系统增加了顺控防误功能。顺控防误实现顺控操作整体防误模拟预演，同时满足顺控操作主机单步操作校验要求，与监控防误主机的校验结果形成不同原理的"双校验"。

顺控操作防误校验交互流程如图 9-3 所示，为实现顺控防误，顺控主机与综合智能防误主机交互流程分为以下几步。

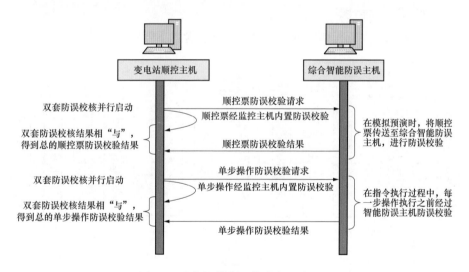

图 9-3　顺控操作防误校验交互流程图

（1）通过监控主机获取断路器、隔离开关、接地开关等设备状态实时信息。

（2）顺控操作前，顺控主机向综合智能防误主机发送顺控校验请求，综合智能防误主机进行顺控操作防误模拟预演，将其结果反馈给顺控主机，和顺控主机的防误校验结果形成不同原理的"双校验"。

（3）顺控操作执行过程中，顺控主机向综合智能防误主机发送单步操作校验请求，综合智能防误主机进行单步"五防"防误校验，同样与顺控主机形成

"双校验"。

（4）综合智能防误主机返回校验结果，顺控主机将"双校验"结果相"与"，得到总的顺控票防误校验结果；当校验结果通过时，允许顺控操作，反之校验不通过则操作中止。

（三）就地操作防误

在变电站进行就地倒闸操作的过程中，可能会发生人员走错间隔、实际操作设备与预操作设备不对应等人员误操作的问题；为了防止这类就地操作中的误操作，在综合智能防误系统中设置了就地操作防误功能。通过智能防误系统关联就地操作任务，将操作任务下发至电脑钥匙，运维人员必须通过智能电脑钥匙对待操作设备进行开锁授权，方能操作指定设备；当操作设备与预定设备不符时，将禁止运维人员操作，从而杜绝运维人员操作过程中发生走错间隔、误分合设备的可能性。

就地操作防误流程如图9-4所示，主要包含以下四步：

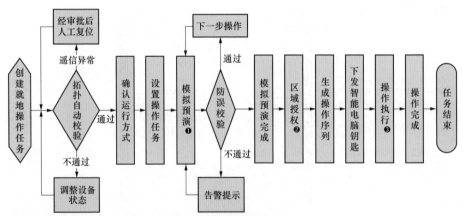

❶模拟预演包括倒闸操作、临时接地线挂接拆除等操作序列的防误校核。
❷区域授权包括设备室门、区域网门、箱柜门等操作范围的权限配置。
❸操作执行包括倒闸操作、临时接地线挂接拆除、许可范围开锁等。

图9-4 就地操作防误流程图

（1）系统自动对变电站设备拓扑状态进行校验，自动确认运行方式，如存在异常则校验不通过，需人工审批置位或调整设备状态。

（2）人工设置操作任务，进行模拟预演。预演过程中，系统将自动进行"五防"规则的防误校验，若校验不通过则发出相应告警和提示。

（3）系统对指定操作区域授权并生成相应操作序列，下发至智能电脑钥匙。

（4）运维人员通过智能电脑钥匙打开对应操作锁具，即可根据操作序列依次对指定设备进行操作。当操作设备与指定设备不符合时，智能电脑钥匙无法打开相应操作锁具，提示运维人员核对操作设备。

（四）二次操作防误

变电站中二次设备在操作时未设置有效的防误手段，但二次操作压板数量多，在操作过程中存在漏投退、误投退等风险，可能造成严重的电网故障，严重时可能造成变电站全停和区域电网的解列。为此，综合防误系统设置了二次操作防误功能，根据二次设备（含网络设备）操作任务，模拟压板操作序列，根据一、二次设备防误逻辑关系和设备实时状态对每一步操作序列进行防误校验，并生成操作任务并下发智能电脑钥匙和压板控制器。在现场操作时，智能电脑钥匙或压板控制器按照操作任务序列对每一步操作进行防误校验；当二次压板操作出现错误时，通过声光报警等方式实现告警提示。

二次操作防误流程如图9-5所示，主要包含以下四步：

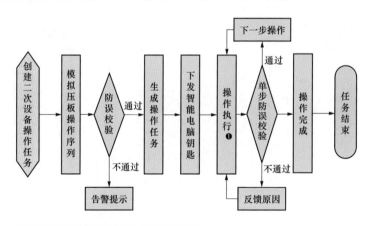

❶操作执行包括许可范围开锁、硬压板操作等。

图9-5 二次操作防误流程图

（1）人工在防误系统中创建二次设备操作任务，模拟生成二次设备操作序列。

（2）综合智能防误系统进行防误校验，若校验不通过则发出告警提示，要求重新核对压板操作逻辑。

（3）系统生成操作任务，下发智能电脑钥匙/压板控制器。

（4）执行二次设备操作。操作执行的每一步都会在综合防误系统中进行单步防误校验：若校验不通过，则发出声光报警提示并反馈操作错误；若防误校验均通过，则依次执行操作任务直到操作完成。

（五）检修工作防误

在大型检修工作时，检修区域的安全措施主要由运维工作人员人工布置，该工作相对复杂，通过人工布置检修区域和安全措施，存在安全措施布置不完善、安全措施布置好之后由于各种原因被违规变动的可能，增加了检修工作的作业风险。为此，综合防误系统增加了检修工作防误的功能，通过在系统中选择检修设备，自动关联或手动添加检修工作区域并对锁具进行授权，生成检修工作任务并下发电脑钥匙。检修人员工作时，在现场只能通过电脑钥匙授权对权限范围内的设备进行操作，并实时回传各锁具状态，大大降低了检修工作人员误操作设备引发检修事故的可能。

检修工作防误流程如图 9-6 所示，主要包含以下三步：

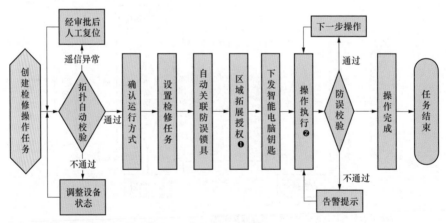

❶区域拓展授权在自动关联防误锁具基础上灵活拓展其他区域授权。
❷操作执行包括许可范围开锁、检修操作等。

图 9-6　检修工作防误流程图

（1）由运维人员人工创建检修工作任务并自动对变电站设备拓扑状态进行校验。校验通过后，系统自动确认运行方式；如存在异常则校验不通过，需人工审批置位或调整设备状态。

（2）由运维人员设置检修任务和选择检修设备，系统自动关联防误锁具，进行检修区域设备和区域扩展授权，并下发至智能电脑钥匙。

（3）将智能电脑钥匙交检修人员后，检修人员即可对检修设备进行检修操作。在每次操作时，系统将对操作任务进行单步防误校验，校验通过后允许操作执行；如校验不通过，则拒绝操作执行并提示拒绝操作原因。

（六）运维工作防误

当变电站在运维日常巡视和设施维护时，时常需要打开设备室、网门和箱（柜）门等设备，可能造成误开授权范围外设备箱门，严重时可能造成运行设备误动，传统运维工作模式难以进行有效监控。为此，综合智能防误系统增加了运维工作防误系统，通过系统授权，在系统中选择运维工作设备后，生成运维工作任务，并下发至电脑钥匙，在现场只能通过电脑钥匙授权对权限范围内的设备进行操作。

运维工作防误流程如图 9-7 所示，主要包含以下三步：

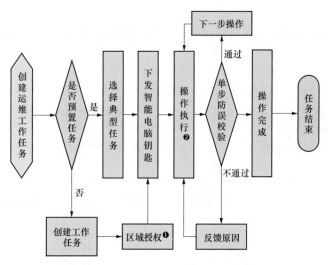

❶区域授权包括设备室门、区域网门、箱柜门等操作范围的权限配置。
❷操作执行包括日常巡视、设施维护等运维工作的许可范围开锁等。

图 9-7　运维工作防误流程图

（1）根据日常工作需要，运维人员可以在系统中创建工作任务，并可以选择典型工作任务或创建新工作任务。

（2）由系统完成区域授权，下发运维工作任务至智能电脑钥匙。

（3）运维人员根据工作需求在授权区域内进行运维工作。当运维人员每次打开对应的设备室、网门和箱柜门时，系统将执行单步防误校验；校验通过后允许运维人员执行相应任务，直至运维工作结束。

（七）接地线实时管控

在传统变电站的接地线使用过程中，接地线的取放、使用和授权工作由变电站工作人员根据安全措施票自行掌握，没有可靠的技术手段实时监测接地线的使用状态、挂接位置，接地线取用也没有相应的工作记录。综合智能防误系统对接地线的管控提出了以下三点新的要求：

（1）支持以一次接线图的方式监视接地线位置、挂接状态等信息，实时监视接地线取用/归还状态。

（2）支持地线模块身份 ID、电池电量和通信状态的展示。

（3）具备接地线使用记录功能，支持相关信息查询，并可以对挂错地线等误操作进行告警提示。

接地线实时管控系统与防误系统交互过程如图 9-8 所示，分为以下三个主要过程：

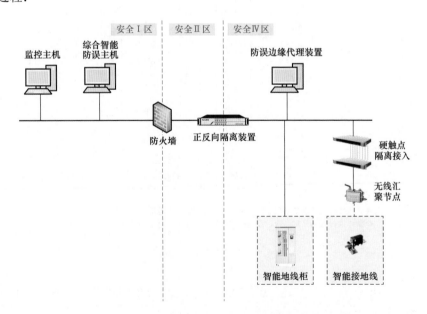

图 9-8　接地线实时管控系统与防误系统交互过程示意图

（1）布置在安全Ⅰ区的防误主机通过防火墙和正向隔离装置对布置在安全Ⅳ区的防误边缘代理装置进行授权，许可接地线取用操作。

（2）智能地线柜通过柜内传感器实时采集地线柜内接地线取用状态、设备状态等实时信息，并反馈给防误边缘代理装置；同时，接地桩通过实时采集接地线接入状态，通过无线网络硬触点隔离接入安全Ⅳ区，并实时传输给防误边缘代理装置。

（3）防误边缘代理装置通过反向隔离装置和防火墙将信息传输给布置在安全Ⅰ区的防误主机。当接地线状态发生变化时，防误主机将实时反馈接地线取用和挂接状态，并在接地线挂接错误时及时报警。

（八）安全工器具管理

当前，电力行业对变电站安全工器具的管理依赖于粘贴在工器具上的标签。标签信息量大且内容繁杂，管理上相对不便。因此，综合防误系统通过采用 RFID 物联网技术对站内安全工器具进行身份标识，对安全工器具实现了以下管理功能：

（1）实现对安器具的生命周期、检验周期的自动化管理。

（2）采用先进的非视距、大批量识别技术实现对工器具出入库的自动识别记录，实现对安全工器具的规范化、智能化管理，提高管理效率。

（3）实时监测安全工器具摆放和归还情况，自动进行检验周期和报废日期核对，对即将到期和已到期的设备进行告警提示。

（4）可通过图形界面实时查询当前工器具室内各安全工器具状态，并具备完善的历史信息管理功能，支持报表检索查询。

安全工器具管理系统与防误系统交互过程如图 9-9 所示，分为以下三个主要过程：

（1）安全工器具柜通过柜内传感器实时采集工器具柜门锁状态、柜内工器具取用状态和工器具标签状态等信息，并通过温湿度控制器采集柜内环境信息，上传至设置在安全Ⅳ区的防误边缘代理装置。

（2）防误边缘代理装置通过防火墙和正反向隔离装置实现与设置在安全Ⅰ区的防误主机的信息交互，将安全工器具的实时状态反馈给防误主机，实现安全工器具的状态查看和实时管控。

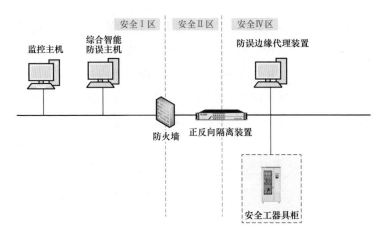

图 9-9　安全工器具管理系统与防误系统交互过程示意图

# 第十章 关键智能装备运检策略

为保障智慧变电站智能设备安全、稳定运行，针对站内智能监测单元、一键顺控装置、智能防误装置、辅助监控装备、摄像机、巡视机器人等智能化装备制定专项运检策略，以满足新模式下运检工作要求。本章对智慧变电站关键智能装备运检策略进行介绍，为运检人员开展巡视、维护与异常处理、例行检测等工作提供参考。

## 第一节 巡 视 策 略

### 一、智能监测单元

远程智能巡视系统对变压器、断路器、互感器等主设备进行巡视时，同步开展相关智能监测单元巡视，告警信号汇集至辅助设备监控系统并纳入巡视报告。常规巡视对装置外观、电缆（光缆）连接、油气管路接口、数据通信、装置电源电压等进行检查。在被监测设备遭受雷击、短路等特殊情况下，开展特殊巡视。

### 二、一键顺控装置

顺控主机、"双确认"装置电源、运行指示灯的巡视通过远程智能巡视系统开展，故障、告警信息汇集至辅助设备监控系统，巡视情况纳入巡视报告。

### 三、智能防误装置

智能防误主机、钥匙、锁具的巡视通过远程智能巡视系统开展，故障、告警信号汇集至辅助设备监控系统，巡视情况纳入巡视报告。

### 四、辅助监控装备

火灾报警主机、用户信息传输装置、各类消防传感器、防盗报警主机、各类安防探测器、空调、水泵、风机的巡视通过远程智能巡视系统开展，故障、告警信息汇集至辅助设备监控系统，巡视情况纳入巡视报告。

### 五、摄像机

通过辅助设备监控系统的设备运维模块开展摄像机连接状态、画质的常规巡视。通过专业巡视检查接线箱内封堵、电源、网线以及摄像机立杆、基础状态，巡视周期为半年。

### 六、巡视机器人

机器人室温湿度、机器人电源指示、通信状态的巡视通过远程智能巡视系统开展。通过专业巡视检查巡视机器人各部件外观状态、巡视道路路况等，巡视周期为半年。

# 第二节　维护与异常处理策略

## 一、维护要求

（一）智能监测单元

智能监测单元维护与被监测设备同步开展，被监测设备解体更换时，一并将监测装置拆除并妥善保存。

（1）设备运行状态维护：对设备外观进行维护，发现锈蚀、破损等情况时及时处理；对电源进行维护，发现供电异常时根据具体供电方式检查电源运行状态。

（2）数据准确性维护：对智能监测单元定期开展例行校验，依据离线、带电检测数据及时对智能监测单元数据准确性和重复性进行比对分析；对于装置校验结果不合格或数据比对结果存在明显差异的监测系统，及时查明原因并处理。

（二）一键顺控装置

针对一键顺控系统传感器、"双确认"装置以及数据交互正反向隔离装置开展特殊维护。

（1）传感器识别准确率维护：对微动开关、姿态传感器、磁感应传感器识别成功率进行检测；发现识别错误时，结合隔离开关机构维护进行传感器维修。

（2）图像识别准确率维护：通过远程智能巡视系统建立隔离开关位置识别

任务，定期对隔离开关位置识别结果进行检查；发生错误时，对识别点位重新配置或进行算法训练。

（3）正反向隔离装置维护：定期模拟发送监控主机遥信变位信号，测试视频分析主机信号接收成功率，确认后通过反向隔离装置返回确认结果。

（三）智能防误装置

智能防误装置通过定期巡视的方式进行维护检查。

（1）防误逻辑校核：检查防误系统闭锁逻辑规则，发现逻辑规则错误时及时检查更正，维护周期为半年。

（2）状态采集维护：定期对智能防误系统采集的设备状态进行核对，采集错误时，检查采集装置、站控层网络状态；无线采集模式的地线状态、安全工器具柜状态错误时，检查无线汇聚节点运行情况。

（3）防误钥匙维护：定期对防误钥匙电池、显示屏、开锁机构进行检查，及时修理电池亏电、显示屏花屏、开锁机构卡涩等缺陷，维护周期为半年。

（4）防误锁具维护：定期对防误锁具进行全面检查，及时更换无法识别的RFID并维护防误系统RFID锁码，维护周期为一年。

（5）无线接地桩维护：定期对无线地线电池、接地状态识别准确性进行检查；接地状态识别错误时，及时检查调整接地电磁锁RFID位置，维护周期为半年。

（四）辅助监控装备

辅助监控装备通过定期巡视的方式进行维护检查。

（1）消防监控装备：对消防监控装备进行专业巡视时，通过模拟试验测试烟感、温感等传感器，及时更换损坏的传感器。

（2）安防监控装备：对安防监控装备进行专业巡视时，通过模拟试验测试电子围栏、红外双鉴探测器、红外对射探测器等，及时更换异常装备。

（3）动环监控装备：定期对空调、水泵、风机等动环装备进行远程开启试验，通过实时视频和有关遥测数据检查对应装备运行状况；空调、水泵、风机无法正常运转时，首先确认辅助设备监控系统与各控制器是否通信正常，通信正常时排查控制器开出状态，及时更换故障控制器。

（五）摄像机

对一键顺控"双确认"专用摄像机的图像识别正确率定期进行检查。通过派发位置确认点位的巡视任务，检查位置分析准确度；位置分析错误时，及时进行算法训练。结合巡视报告对摄像机预置位进行检查；发现摄像机预置位偏移时，通过管理软件进行机械回零。

（六）巡视机器人

对巡视机器人按照周期进行软硬件维护。

（1）硬件维护：定期检查机器运动部件、导航模块、电池续航时间、服务器负载率和运转情况等，发现问题及时修理或更换。

（2）软件维护：通过巡视报告检查机器人巡视预置位有无偏移情况，出现偏移时及时通过重设预置位进行校准；结合巡视报告检查确认机器人巡视分析情况，图像数据采集正常但分析结果异常时，对巡视点位重新配置或进行算法训练。

二、异常处理

（一）智能监测单元

对智能监测单元报警信号分析判断后按策略处理，确认装置系统异常后及时进行针对性处理。

（1）报警信号处理：智能监测单元报警后，尽快检查报警值设置、外部接线、网络通信等，同时排除外部强电磁干扰、异常天气；发生误报警时，及时退出报警功能，查明原因并处理后再投入运行；确认数据异常报警后，进行数据变化趋势、横向比较和相关性分析，并视具体情况对主设备采取进一步的诊断和处理。

（2）异常及故障处理：智能监测系统异常时，检查装置外观和通信情况；检查确认无故障时，根据维护手册进行人工复位；发生不能恢复的故障时，及时查明原因并进行修理或更换。

（二）一键顺控装置

一键顺控操作过程中发生异常，立即暂停操作并进行全面检查，查明并排除异常。

（1）操作步骤和项目检查：检查待操作设备保护测控装置是否有异常信号，监控机是否有事故总信号；如因事故跳闸引起操作异常，立即暂停操作，按照调度指令进行事故处置。

（2）"双确认"装置校验结果检查：上一步操作"双确认"未通过导致的异常，人工确认设备已操作到位后可继续执行顺控操作；正反向隔离装置丢包时，人工确认设备状态，待操作完毕后，停用正反向隔离装置并进行消缺。

（三）智能防误装置

针对智能防误装置缺陷导致的操作异常，按照防误钥匙、锁具、防误主机顺序逐项检查原因。

（1）防误钥匙检查：检查防误钥匙待操作步骤与操作票的一致性，若不一致则重新上传操作票。

（2）防误锁具锁码检查：检查防误锁具锁码是否为待操作设备锁码，若锁码损坏则履行解锁手续，进行解锁操作。

（3）防误主机闭锁逻辑检查：检查防误主机闭锁逻辑是否正确，修正后再次上传操作票。

（四）辅助监控装备

根据各子系统监控装备特点，对消防、安防、动环监控装备异常采取针对性处置措施。

（1）消防监控装备：站端用户信息传输装置离线发信时，检查装置通信状态，重启装置无法恢复时进行装置通信板卡和网络链路检查；消防监控系统火警或故障告警后，通过智能联动实时画面检查告警区域有无冒烟、着火；单一传感器误报警时，更换相应传感器；火灾报警主机故障告警时，装置重启失效后检查更换板件。

（2）安防监控装备：安防监控系统入侵或故障告警时，通过智能联动实时画面检查告警区域有无人员入侵；单一传感器误报警时，更换相应传感器；防盗报警主机故障时，装置重启失效后检查更换装置。

（3）动环监控装备：设备室温湿度、集水井水位、电缆沟水浸告警时，通过实时视频进行异常复核，远程开启空调、水泵、风机。

（五）摄像机

设备运维模块显示摄像机黑屏、模糊、网络断开连接时，检查硬盘录像机对应通道画面和网络连接情况。

（1）摄像机黑屏、网络断开连接：若为多个摄像机故障，尝试重启对应设备，如重启无法恢复，则修理更换交换机或硬盘录像机；若为单个摄像机故障，尝试恢复电源，重新插拔网线，无法恢复时，修理更换摄像机。

（2）摄像机更换：摄像机故障需更换时，首先备份预置位信息，并将该信息恢复到新的摄像机上。

（六）巡视机器人

巡视机器人任务执行或显示画面异常时，根据异常情况采用远程和现场结合的形式进行处理。

（1）联合巡视任务执行异常：通过巡视实时监控模块查看机器人状态，若机器人在线且实时视频正常，尝试终止当前巡视任务并重新派发巡视任务。

（2）机器人定位丢失：通过实时视频查看机器人位置，遥控机器人到附近定位点重新设置定位。

（3）机器人实时画面黑屏：远程重启机器人，重启失败时检查机器人本体和服务器运行情况。

# 第三节 例行检测策略

为获取变电站设备状态量、评估设备状态、及时发现事故隐患，需定期开展例行试验，包括带电检测和停电试验。智慧变电站智能装备同样需要结合设备本体试验周期、装备属性定期开展例行检测，按照检测内容分为通用性检测和专项检测。通用性检测包括结构和外观检查、基本功能检验、绝缘电阻试验、介质强度试验等；专项检测是根据装备类别开展的专门性检测。本节重点介绍变压器、断路器、互感器等主设备及巡视机器人等辅助设备的专项例行检测策略。

## 一、主设备智能单元

（一）变压器智能单元

智能变压器例行检测包括油中溶解气体监测单元、铁心和夹件接地电流监测单元、超声波局部放电监测单元、高频局部放电监测单元、特高频（射频）局部放电监测单元和有载分接开关状态监测单元。通用试验项目和要求符合《变电设备在线监测装置通用技术规范》（Q/GDW 1535—2015）中的相关规定，变压器智能单元检测项目见表10-1。

表10-1　　　　　　　　　变压器智能单元检测项目

| 序号 | 智能组件 | 检测项目 |
|---|---|---|
| 1 | 数字油温计 | 示值误差测量、示值回差测量、示值重复性测量 |

174

| 序号 | 智能组件 | 检测项目 |
|---|---|---|
| 2 | 数字油位计 | 动作特性试验 |
| 3 | 油中溶解气体监测单元 | 误差试验、最小检测浓度试验、测量重复性试验、最小检测周期试验、响应时间试验、交叉敏感性试验、数据传输试验、数据分析功能检查 |
| 4 | 铁心和夹件接地电流监测单元 | 测量误差试验、数据传输功能检查 |
| 5 | 超声波局部放电监测单元 | 传感器灵敏度试验、检测灵敏度试验、测量频带试验、动态范围试验、线性度误差试验、通道一致性试验、重复性试验 |
| 6 | 高频局部放电监测单元 | 传感器传输阻抗试验、检测频率试验、灵敏度试验、线性度试验、抗干扰性能试验 |
| 7 | 特高频（射频）局部放电监测单元 | 传感器幅频特性测试、灵敏度试验、动态范围试验、有效性验证、数据传输功能检查 |
| 8 | 有载分接开关状态监测单元 | 振动传感器频率响应试验、振动传感器灵敏度试验、电流互感器测量误差试验 |

（二）断路器智能单元

智能断路器例行检测包括$SF_6$气体密度监测单元、$SF_6$气体湿度监测单元、$SF_6$气体成分监测单元、分合闸线圈电流监测单元、储能电动机电流监测单元、断路器行程、分合闸位置及次数监测单元、弹簧机构弹簧压力监测单元。断路器智能单元检测项目见表10-2。

表 10-2　　　　　　　　　　断路器智能单元检测项目

| 序号 | 智能组件 | 检测项目 |
|---|---|---|
| 1 | $SF_6$气体密度监测单元 | 数据采集换算功能检查、数据远传功能检查 |
| 2 | $SF_6$气体湿度监测单元 | 数据采集换算功能检查、气体循环功能检查、温度动态补偿功能检查、超量程保护功能检查 |
| 3 | $SF_6$气体成分监测单元 | 数据自动采集功能检查、工作模式切换检测 |
| 4 | 分合闸线圈电流监测单元 | 多通道同步测量功能检查、诊断分析功能检查 |
| 5 | 储能电动机电流监测单元 | 多通道同步测量功能检查 |
| 6 | 断路器行程、分合闸位置及次数监测单元 | 分合闸位置监测功能检查、分合闸次数功能检查、断路器动作时间和三相同期性检测功能检查 |
| 7 | 弹簧机构弹簧压力监测单元 | 弹簧疲劳状态预警功能检查 |

（三）隔离开关智能单元

智能隔离开关例行检测包括电动机电流监测单元和扭矩监测单元。隔离开关智能单元检测项目见表10-3。

表10-3　　　　　　　　　　隔离开关智能单元检测项目

| 序号 | 智能组件 | 检测项目 |
|------|----------|----------|
| 1 | 电动机电流监测单元 | 分合闸时电动机电流测量功能检查 |
| 2 | 扭矩监测单元 | 分合闸时间的功能检查 |

（四）互感器智能单元

智能互感器例行检测包括电气量监测单元和非电气量监测单元。互感器智能单元检测项目见表10-4。

表10-4　　　　　　　　　　互感器智能单元检测项目

| 序号 | 智能组件 | 检测项目 |
|------|----------|----------|
| 1 | 电气量监测单元 | 末屏电流信号监测功能检查、电气量波形测量检测 |
| 2 | 非电气量监测单元 | 油压监测功能检查、油中溶解氢气监测功能检查 |

（五）避雷器智能单元

智能避雷器例行检测包括全电流在线监测单元、阻性电流在线监测单元。避雷器智能单元检测项目见表10-5。

表10-5　　　　　　　　　　避雷器智能单元检测项目

| 序号 | 智能组件 | 检测项目 |
|------|----------|----------|
| 1 | 全电流在线监测单元 | 全电流、动作次数监测功能检查 |
| 2 | 阻性电流在线监测单元 | 电压取样保护功能检查、阻性电流、阻容比值监测功能检查 |

## 二、辅助监控装备

（一）消防监控系统

消防监控系统例行检测包括基础功能、联动功能、应急处置功能和管理功能。消防监控系统检测要求参考系统说明书，检测项目见表10-6。

**表 10-6**　　　　　　　　　　消防监控系统检测项目

| 序号 | 检测类别 | 检测项目 |
|---|---|---|
| 1 | 基础功能 | 数据采集功能、操作控制功能、报警功能、自检功能、通信功能检查 |
| 2 | 联动功能 | 报警联动功能检查 |
| 3 | 应急处置功能 | 应急处置功能检查 |
| 4 | 管理功能 | 对时功能、参数设定功能、权限管理功能检查 |

（二）巡视机器人

对巡视机器人的设备性能、功能及系统软件功能开展检测。机器人检测要求参考装置说明书，巡视机器人检测项目见表 10-7。

**表 10-7**　　　　　　　　　　巡视机器人检测项目

| 序号 | 检测类别 | 检测项目 |
|---|---|---|
| 1 | 设备性能 | 红外测温准确度、成像质量、云台性能、自动导航性能、运动性能、通信性能、电池性能检测 |
| 2 | 设备功能 | 防碰撞功能、越障功能、涉水功能、自动充电功能、双向语音对讲功能、辅助照明功能、智能报警功能检查 |
| 3 | 系统软件功能 | 实时监控功能、巡检结果分析功能检查 |

# 第十一章 建 设 实 例

2019 年，常州 220kV 滆湖变电站（简称"滆湖站"）开展了智慧变电站试点建设，应用一键顺控、智能防误、智能巡视、一次设备智能化等先进技术，建成了本质安全、运检高效的智慧变电站。

220kV 滆湖站始建于 2001 年，是一座敞开布置的常规变电站，包含 220、110kV 和 35kV 三个电压等级，220、110kV 设备为户外布置，35kV 设备为砖墙结构户内布置，改造前 110kV 设备为半高型布置。智慧化改造与全站老旧设备改造同步进行，将原 110kV 设备拆除重建，改为中型布置，对 220kV 和 35kV 设备进行整体大修。结合一次设备停电安装 $SF_6$ 压力监测、互感器油压监测等各类传感设备，并进行高清视频布点和一键顺控等智慧化改造。

## 一、一键顺控

滆湖站运用图像识别技术作为隔离开关操作后的第二判据，实现操作后状态确认采用非同源或非同样原理的两个指示要求，滆湖站 110、220kV 设备每个间隔配置了三台云台摄像机，实现对断路器、隔离开关操作后的状态采集。

在系统层面，配置顺控主机，实现任务生成、模拟预演、指令执行、防误校核及操作记录等功能；配置智能防误主机，与顺控逻辑校验组成"双保险"，从根源上杜绝误操作风险；在主、辅设备监控系统间部署正向隔离装置，打通主、辅设备信息传输通道，并通过主设备监控系统向辅助设备监控系统发送报文传递操作信号；辅助设备监控系统调用云台摄像机预置点对设备操作后状态进行采集，采用图像识别技术，提供隔离开关非同源第二位置判据，通过反向隔离装置将识别结果回传至主设备监控系统，实现隔离开关位置"双确认"。

对于常规变电站，传统的一键顺控无法进行倒母线顺控操作，原因在于硬压板、空气开关等二次设备不具备自动操作功能。为实现倒母线等复杂操作一键顺控，漷湖站对母差保护互联压板，母联断路器控制电源进行了改造，为这些压板和空气开关增加了电动机构，并将控制回路接至变电站内配置的公用测控装置。主设备监控系统通过变电站内公用测控向压板、空气开关下发控制指令，实现二次设备顺控操作。将压板投退、母联改非自动等二次操作纳入顺控操作范围，实现各间隔 6 个设备态之间相互转换以及母线停复役一键顺控操作全覆盖。

进行一键顺控操作时，根据操作任务，按照给定的操作初始态和目标态选择系统内预置的操作票。在正式执行操作前，需要对顺控操作票进行模拟预演，系统会模拟执行每一步的操作任务，并对每一步执行前的条件和联锁逻辑进行校验，校验不通过无法进行正式操作。以漷湖站漷和 2Y74 断路器由正母运行改为副母运行顺控操作为例，操作步骤见表 11-1。

**表 11-1　漷湖站漷和 2Y74 断路器由正母运行改为副母运行顺控操作步骤**

| 序号 | 操作步骤 |
|---|---|
| 1 | 检查 220kV 母联 45101 隔离开关应合上 |
| 2 | 检查 220kV 母联 45102 隔离开关应合上 |
| 3 | 检查 220kV 母联 4510 断路器应合上 |
| 4 | 检查所启用保护装置无动作及异常信号 |
| 5 | 放上 220kV 第一套母差保护母差互联 1RXB5 压板 |
| 6 | 检查 220kV 第一套母差保护母差互联 1RXB5 压板应放上（查压板和互联信号） |
| 7 | 检查所启用保护装置无动作及异常信号 |
| 8 | 放上 220kV 第二套母差保护母差互联 1RXB3 压板 |
| 9 | 检查 220kV 第二套母差保护母差互联 1RXB3 压板应放上（查压板和互联信号） |
| 10 | 分开 220kV 母联 4510 断路器第一组操作电源 |
| 11 | 检查 220kV 母联 4510 断路器第一组操作电源应分开（查空气开关和第一组控制回路断线信号） |
| 12 | 分开 220kV 母联 4510 断路器第二组操作电源 |
| 13 | 检查 220kV 母联 4510 断路器第二组操作电源应分开（查空气开关和第二组控制回路断线信号） |
| 14 | 将 220kV 正、副母电压互感器次级并列开关 1BK 从解列位置切至并列位置 |

续表

| 序号 | 操作步骤 |
|---|---|
| 15 | 检查 220kV 正、副母电压互感器次级并列开关 1BK 在并列位置 |
| 16 | 检查漏和 2Y742 隔离开关操作条件满足 |
| 17 | 合上漏和 2Y742 隔离开关 |
| 18 | 检查漏和 2Y742 隔离开关应合上 |
| 19 | 检查漏和 2Y741 隔离开关操作条件满足 |
| 20 | 拉开漏和 2Y741 隔离开关 |
| 21 | 检查漏和 2Y741 隔离开关应拉开 |
| 22 | 检查 220kV 第一套母差保护一次接线方式指示与实际对应 |
| 23 | 检查 220kV 第一套母差保护差流回路无异常信号 |
| 24 | 检查 220kV 第二套母差保护一次接线方式指示与实际对应 |
| 25 | 检查 220kV 第二套母差保护差流回路无异常信号 |
| 26 | 将 220kV 正、副母电压互感器次级并列开关 1BK 从并列位置切至解列位置 |
| 27 | 检查 220kV 正、副母电压互感器次级并列开关 1BK 在解列位置 |
| 28 | 合上 220kV 母联 4510 断路器第一组操作电源 |
| 29 | 检查 220kV 母联 4510 断路器第一组操作电源应合上（查空气开关和第一组控制回路断线信号复归） |
| 30 | 合上 220kV 母联 4510 断路器第二组操作电源 |
| 31 | 检查 220kV 母联 4510 断路器第二组操作电源应合上（查空气开关和第一组控制回路断线信号复归） |
| 32 | 取下 220kV 第一套母差保护母差互联 1RXB5 压板 |
| 33 | 检查 220kV 第一套母差保护母差互联 1RXB5 压板应取下（查压板和互联信号） |
| 34 | 取下 220kV 第二套母差保护母差互联 1RXB3 压板 |
| 35 | 检查 220kV 第二套母差保护母差互联 1RXB3 压板应取下（查压板和互联信号） |

　　需要注意的是，采用"双确认"方式的一键顺控操作，在某一步操作后对设备状态的确认需要不少于两个非同源或非同样原理信号。例如表 11-1 中的第 18 步"检查漏和 2Y742 隔离开关应合上"，顺控主机除了判断 2Y742 隔离开关双位置遥信合位为 1、分位为 0，还需确认视频主机对隔离开关操作后的位置确

认为合位。一键顺控图像识别"双确认"流程如图 11-1 所示。

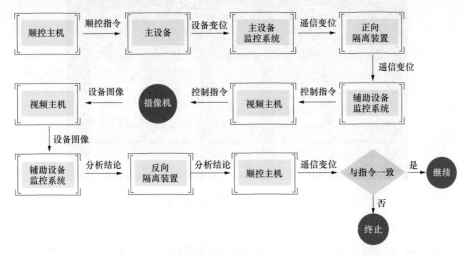

图 11-1　一键顺控图像识别"双确认"流程图

顺控主机下发某一步顺控指令后，驱动一次设备按照对应的指令改变状态；设备状态发生改变后，监控系统收到遥信变位信号，并将这一信号通过正向隔离装置发送给辅助设备监控系统；辅助设备监控系统按照遥信信号进行解析，并向视频主机发送调取对应摄像机图像进行分析的指令；视频主机控制摄像机转动到对应预置位，接收摄像机拍摄的图像，发送给辅助设备监控系统；辅助设备监控系统对该图像内的设备状态进行图像识别分析，并将结论发送给顺控主机；顺控主机判断分析结论与指令一致则继续下一步操作，与指令不一致则终止顺控操作。

采用一键顺控，母线停复役由 1h 以上缩短至 20min，操作时长由"小时级"提升至"分钟级"，效率提升 3 倍以上；实现了操作模式由"人工分步操作"向"后台一键顺控"的重大转变，大幅提升操作效率，杜绝误操作风险。

**二、综合智能防误**

综合智能防误是指将分散安全防误技术措施融入变电操作、检修、运维等业务场景，在"五防"系统升级完善的基础上，实现了一键顺控防误双校核，拓展了二次设备操作防误、防人员"三误"、网络设备物理防护、安全工器具管理、接地线状态实时采集等功能。漷湖站综合智能防误系统构成如图 11-2 所示。

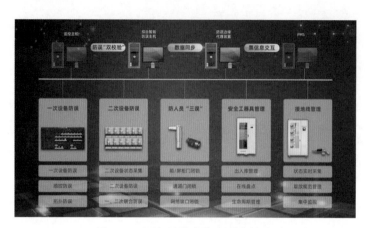

图 11-2　漷湖站综合防误系统构成

### 三、联合巡视

联合巡视运用了高清摄像机、红外热成像摄像机、机器人、无人机、实景三维巡视系统以及在线智能巡视系统等，做到及时掌握设备运行状况，全面消除安全隐患。

（1）基于变电站三维精确模型，优化各类高清摄像机（全景摄像机、云台摄像机、球型摄像机）布点，扩展视频监控覆盖范围。摄像机布点除满足一键顺控中隔离开关、断路器操作后位置确认要求，兼顾识别各断路器 $SF_6$ 压力、避雷器泄漏电流表计，满足对设备外观、渗漏油、挂空悬浮物、金属锈蚀等识别要求。

漷湖站摄像机布点如图 11-3 所示。

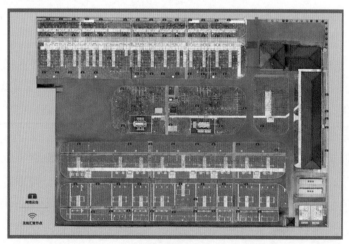

图 11-3　漷湖站摄像机布点示意图

（2）为加强对重点设备的温度监视，主变区域每台主变布置一台红外热成像摄像机，实现中高压套管等重要设备 24h 不间断监视。

（3）应用轮式室外机器人，实现"边走边巡、红外普测"，主要对设备导引线、接头、绝缘子进行红外测温，并设定了温度阈值和温差阈值来进行缺陷识别和告警。漏湖站室外机器人如图 11-4 所示。

图 11-4　漏湖站室外机器人

（4）35kV 开关室为两层砖墙式结构，选用轮式机器人完成主要巡视任务，重点进行母排、导引线、绝缘子和接头测温。同时为了提高机器人利用率并节省投资，开关室应用机器人升降机，实现一台机器人二层砖墙式开关室设备巡视。机器人与升降机通过无线通信传输信息，当机器人需要上下楼层且到达升降机前固定位置时，升降机搭载机器人到达指定楼层，同时自动切换楼层地图。

（5）应用保护室机器人，扩展自动开启屏柜门功能，实现二次端子专业巡检，主要对保护测控装置信号灯、各类表计读数、空气开关、压板位置等进行识别，对保护屏内装置、端子排、引线等进行红外测温。漏湖站保护室机器人如图 11-5 所示。

图 11-5　漏湖站保护室机器人

（6）应用变电站巡检无人机，进行高空设备巡视，构建立体巡检系统，覆盖到主变顶盖、避雷针、设备构架、断路器、隔离开关顶部导引线以及出线绝缘子等设备，消除高空巡检盲区。漏湖站巡检无人机如图 11-6 所示。

图 11-6　漏湖站巡检无人机

（7）采用视频和实景三维融合技术，开发人工智能实景三维的变电站巡检模块，运维人员可实现远程实景巡视，替代现场巡视。漏湖站三维全景显示界面如图 11-7 所示。

图 11-7　漏湖站三维全景显示界面

通过激光扫描获得全站三维模型，将表计、设备外观等重要点位实时视频、设备台账、在线监测数据、巡视结果等融合至三维模型。借助视频和实景三维融合技术，巡视人员在运维班就可实现沉浸式三维实景巡检，对设备的在线监测数据、台账信息、历次巡视报告等进行浏览，实时掌握现场情况和设备状态，提高巡检效率。此外，全站三维模型还能供工作查勘使用。在停电检修前，可以模拟起重机等大型机械在变电站内的行进、伸臂作业，对与带电设备的安全距离进行校核，帮助制定停电方案和安全措施。漏湖站沉浸式三维实景显示界面如图 11-8 所示。

图 11-8 滆湖站沉浸式三维实景显示界面

（8）为了有效调度，充分整合高清视频、机器人以及无人机巡视资源，部署了在线智能巡视系统。利用图像识别技术，自动进行图像采集、分析、比对；通过任务驱动和静默识别两种方式，智能识别设备外观异常、环境异常及人员行为异常等 17 类问题，实现人工巡视智能替代。

在线智能巡视系统将传统的例行巡视、专业巡视、熄灯巡视、特殊巡视、全面巡视等五类巡视简化为"机器全时段智能巡视+人工全面巡视"，可替代变电"五通"（国网公司变电运检五项通用制度）1725 项人工巡视项目中的 1440 项，人工巡视工作量减少 80%以上，大幅提升巡视效率，有效避免巡视过程中设备故障造成的人身伤害事件。滆湖站在线智能巡视系统如图 11-9 所示。

图 11-9 滆湖站在线智能巡视系统

**四、免（少）维护**

（1）应用变压器免维护吸湿器，根据呼吸状态和吸湿情况自动启动加热功能。安装红外光谱在线监测装置，无需定期更换载气。

（2）应用蓄电池自动核容技术，自动开展蓄电池核对性放电、内阻测试。

（3）应用锁具智能管控技术，实现人员权限分级、远程开锁、远程授权、信息化记录等功能，开展全站锁具智能管理。

（4）二次压板安装磁感应原理传感器，通过压板状态采集器获得压板状态信息，上传至辅助设备监控系统，实现二次设备状态自动核对等。滆湖站压板监测界面如图 11-10 所示。

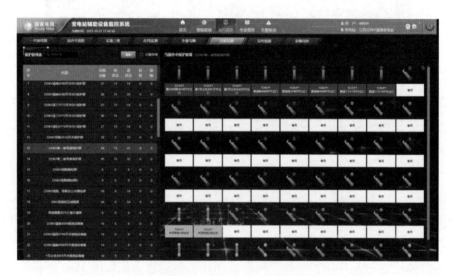

图 11-10　滆湖站压板监测界面

（5）应用就地设备舱，优化柜体结构及柜内元件布置，将采集执行单元、在线监测就地模块等二次设备机架式安装在就地设备舱，舱内温湿度自动控制，实现防潮、防尘、防高（低）温等防护功能，实现端子箱、汇控柜免维护。滆湖站就地设备舱如图 11-11 所示。

（6）应用免维护吸湿器、无需更换载气的油色谱在线监测装置、蓄电池自动核容等技术，并通过预设自动控制策略，根据环境参数变化自动调控变电站空调、风机、水泵等设备，可实现维护模式从"人工周期维护"向"免（少）维护"的转变，解放人力资源，提升维护效率。

图 11-11　湄湖站就地设备舱

### 五、智能一次设备

通过在一次设备机构箱内安装智能就地模块和传感器，实现高压开关智能化。一次设备和汇控柜间采用光缆进行连接，在实现内部控制网络化的同时，实现了设备状态的智能感知。能够对高压开关绝缘特性、机械特性、电寿命特性等进行全方位监视，并通过自诊断技术及时预警上报异常工况，大大提高现场运维、检修效率。相比传统高压开关，电缆芯数减少 75%，元器件减少 59%，端子排减少 82%，功能增加 41%。

### 六、智能传感技术

湄湖站试点应用互感器油压监测技术，实时监测电流互感器压力，及时发现互感器渗漏油和内部缺陷。应用动力电缆剩余电流监测技术，判断动力电缆绝缘情况，能够及早发现电缆缺陷。

### 七、防火耐爆技术

在保护屏、就地设备舱内应用区块式自灭火装置，在电缆沟装设感温电缆和探火管灭火装置。当探测到温度过高时，将自动放出灭火剂，隔绝空气，防止火灾蔓延。湄湖站感温光纤如图 11-12 所示。

图 11-12　湄湖站感温光纤